面白くて眠れなくなる数学者たち

有趣得让人睡不着的数学

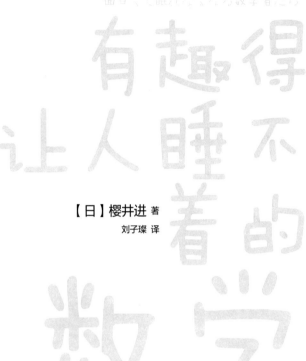

【日】樱井进 著

刘子璨 译

北京时代华文书局

图书在版编目（CIP）数据

有趣得让人睡不着的数学／（日）樱井进著；刘子璨译 . — 北京：
北京时代华文书局，2019.6（2021.7 重印）
ISBN 978-7-5699-3037-5

Ⅰ . ①有… Ⅱ . ①樱… ②刘… Ⅲ . ①数学－青少年读物 Ⅳ . ① 01-49

中国版本图书馆 CIP 数据核字（2019）第 086676 号

OMOSHIROKUTE NEMURENAKUNARU SUUGAKUSHA-TACHI
Copyright © 2014 by Susumu SAKURAI
Illustrations by Yumiko UTAGAWA
First published in Japan in 2014 by PHP Institute, Inc.
Shimplified Chinese translation rights arranged with PHP Institute, Inc.
through Bardon-Chinese Media Agency

北京市版权局著作权合同登记号 图字：01-2018-6095

有 趣 得 让 人 睡 不 着 的 数 学
YOUQU DE RANG REN SHUIBUZHAO DE SHUXUE

著　　者 |［日］樱井进
译　　者 | 刘子璨

出 版 人 | 陈　涛
选题策划 | 高　磊
责任编辑 | 邢　楠
装帧设计 | 程　慧　段文辉
责任印制 | 訾　敬

出版发行 | 北京时代华文书局 http://www.bjsdsj.com.cn
　　　　　北京市东城区安定门外大街 138 号皇城国际大厦 A 座 8 楼
　　　　　邮编：100011　电话：010 - 64267955　64267677
印　　刷 | 凯德印刷（天津）有限公司　　　电话：022-29644128
　　　　　（如发现印装质量问题，请与印刷厂联系调换）
开　　本 | 880mm×1230mm　1/32　　印　　张 | 6.5　　字　　数 | 104 千字
版　　次 | 2019 年 7 月第 1 版　　　印　　次 | 2021 年 7 月第 14 次印刷
书　　号 | ISBN 978-7-5699-3037-5
定　　价 | 39.80 元

自序

数学与人同在。

这是我所著的高中数学教科书《数学的应用》（启林馆出版）中的基本理念。在学校教科书中被省略的也是"数学是故事"这一点。数学是历经2000多个春秋编织而成的壮丽诗篇。

我们生存在奔流不止的时间长河中，肉眼看不见的时间在我们的身体中，在整个自然中流逝着。时间是由我们的记忆与群星的流转构筑而成的。

人类在学会通过观察群星的运转来确认时间之前，经历了漫长的岁月。由此也创造出了"天文学"这门学问，并对研究空间与时间学系——物理学也产生了深远的影响。

数学是故事。但在教科书上，我们并没有把数学当作故事来讲。教科书中的所有内容都是很唐突的。在小学里学习的"算术"，到了中学突然就变成了"数学"。方程、三角函数、指数、对数、微积分接连登场，这些知识就像是毫无预兆的狂风暴雨一般向我们袭来。我们在突如其来的暴风雨中饱受摧残，一波未平一波又起，数学带来的疾风骤雨，将会毫不停歇、接二连三地袭来。

我们无从知晓数学这场风暴会在何时结束。如果鼓起全部勇气问数学老师"数学是为了什么而存在的呢？""为什么一定要学数学呢？"的话，恐怕老师又会就着"为了考试"而大说特说，不由分说地教训你一番。

而大家"讨厌数学"的根本原因，难道不是因为"讨厌老师教数学的方法"吗？

数学是人类倾注心血凝结而成的智慧结晶，是最宝贵的知识财富。数学有着辉煌的过去，正在经历当下，并向未来进发。古希腊数学家欧几里得所著的《几何原本》，可以说是数学史诗的开端。

我在研究数学时，有时会突然这样想：这篇史诗，究竟有多少页呢？

假如想将《几何原本》迄今2000多年所有的数学典籍、论文编辑成一套书，为了收藏这部书，我们又该建一个多么庞大的图书馆呢？

数学这篇壮丽的史诗中，记载着人类是如何通过知识的传承，将"无穷""永远"这些某个人类绝对无法掌握的至宝悉数掌握的。如此有趣的故事，却被教科书讲述得无聊至极，这实在是令人感到万分遗憾。

本书是关于我选出的数学家、物理学家们的故事。它其实更是一本对将我领入科普写作事业的全明星阵容的介绍。纳皮尔、爱因斯坦、仁科芳雄、拉马努金……他们的人生和伟绩，曾经深深地触动了我的心灵。

数学这个故事，在此时此刻也正在产生新的发现，正在被数学家们翻开新的一页。

数学，是一个"Never Ending Story（没有结尾的故事）"。

目录

纳皮尔：拯救了无数人的性命
——关于对数的史诗

$$y = \log_{10} x$$

约翰·纳皮尔（1550—1617）
发现了对数，发明了"纳皮尔的骨头（一种用于简化计算的工具）"，也是如今人们使用的小数点记号的发明者。

　　我上高二的时候，在课上学习了对数。课上，老师告诉我们"$2^3=8$"可以变形为"$3=\log_2 8$"，但我却并不明白这是为什么。我十分奇怪"这么麻烦的计算到底有什么意义啊？"

　　就是在那时，我从一本介绍数学家的书上认识了纳皮尔。书上记录的事实真相，不仅解开了我的困惑，更令我万分震惊。

　　"对数的发明，是为了让天文学的计算更加简便，同时也是为了帮助在航行中备受折磨的船员们。"

我记得书中是这样说的："数学，是一门能够拯救人的生命的学系……"在那之后，纳皮尔就一直活在我的心中。

数学很容易被人误会成一门没有人情味的、冰冷的，只存在于数字世界的学问。但它实际上是一门动人心弦的、充满激情的学系。

数学并不仅仅追求实用性。数学家们与金钱、地位无缘，仅仅是为了追求真理而踏入数学的世界。而他们的追求，在结果上却造福了无数的世人。

比如说，法国数学家皮埃尔·德·费马提出的"费马大定理"，这是一个关于整数的著名定理。经过大约360年的岁月，费马大定理终于在1994年被英国数学家安德鲁·怀尔斯（1953—）所证明。而在人们摸索证明的过程中诞生的数学发现，被应用于密码技术之中，而密码技术正是互联网技术不可或缺的一部分。如果没有密码技术，互联网想必不会如此发达。所有信息都暴露在光天化日之下的通信方式，是派不上任何用场的。

就像这样，数学从结果上来讲能够为人类提供帮助，有时甚至还能拯救人的生命。对数，就是这样一个绝佳的例子。

对数长期以来在数学界应用率颇高。我们之所以能够受益于科技发展，建立起极为发达的文明社会，也是托了对数的福。如果没有对数，日本是无法建立起如此先进的工业国家的。

很少有人知道，纳皮尔曾经冒着生命危险追求对数的真理。其实，有很多日本人一听到"对数"两个字就头皮发麻。光是看到"log"这个符号，恐怕就会有人表示"我就是因为你才讨厌数学的"。

但是，对数可以说是一个爱的结晶。在对数被发现的背后，隐藏着一个男人的伟大史诗。在本章，我将要介绍一个伟男子，他为了拯救世人的生命，独自一人勇闯黑暗的数学世界。

故事，发生在16世纪的苏格兰。

约翰·纳皮尔于1550年诞生于这个世上，他生于苏格兰首都爱丁堡西南方的梅奇斯顿城内。他生来就是要成为梅奇斯顿城第八代领主的人。

随着年龄的增长，纳皮尔开始展现出非凡的才华。他13岁时已经进入大学学习宗教学。身为城主之子，他还统领起当地的居民，用充满个人色彩的奇思妙想解决了各种各样的难题。

譬如，有农民希望"让土地增收"，纳皮尔就采用新型肥料，还发明了抽水机，在农业、土木工程的技术开发方面也有所建树。

有一次，纳皮尔听农民反映"有来路不明的怪物啃坏了农田"，就发明了一种大炮，能够将周长4英里（约为6.4千米）的田地中超过1英尺（约0.3米）高的生物全部消灭。

在煤矿工作的矿工反映"矿里涌出了地下水，我们没法继续工作"，纳皮尔就发明了能够将矿坑内的积水排出，控制矿坑内水位高度的螺旋推进器。早在16世纪，他就发明了能在水中转动螺旋翼的技术！

用现在的话来说，纳皮尔算是一个发明家。不仅如此，他还是一名为了帮助他人而施展才华的优秀工程师。

纳皮尔还开发了包括潜水艇、战车在内的许多武器，这些想来也是为了让领地内的人民感到安全放心而发明的。

那时的欧洲，处于一个战乱的年代。苏格兰人民十分畏惧当时全欧洲最强的国家——西班牙会从海上侵略自己。

向神秘莫测的计算世界进发

当时的欧洲正处于战乱年代，同时也正处于大航海时代的高潮。欧洲资源贫瘠，想要发展，只能前往新的大陆寻找资源。西班牙等列强利用当时最先进的技术，建造了大型船舰，竞相在世界各大洋中开辟新航路，争夺霸权。

各个大国想要寻找的是印度。当年，印度拥有许多欧洲人喜爱的产品作物。哥伦布受命于西班牙女王，出海远行，最终能够发现美洲大陆，也是因为想从西方开辟一条通往印度的航路。纳皮尔想必也经常听人提及航海的话题吧。

在当时的背景下，航海天文历和海难也是各个天文台最热门的话题。所谓"航海天文历"，指的是预测天体运行的历法。在当今社会每年也都会发行新版，但在过去那个没有计算器的年代，需要大量运算做支撑的航海天文历是很不精准的。

因为航海天文历准确性过低，出海远航的船员们往往会束手无策。他们需要观测出准确的时间及天体位置，并同航海天文历进行对照，从而得出自己当前所处的大概位置。如果航海天文历不准确，他们就会判断失误，驶向错误的方向。这在当时就意味着必将遇难，也就是死亡。

请你闭上眼睛，简单想象一下。

现在，你行驶在一片漆黑的太平洋的正中央，原本10天之前就应该抵达目的地了，然而一天又一天过去，你却一直看不到陆地的影子。

这天晚上，你幸运地看到了星星。

你拿出了六分仪（用来测量角度的仪器），把星星的位置翻来覆去地测量了好几遍，又看了看表，记录了现在的时间。没有问题。于是你把这些数据拿去和航海天文历一一对照，为了避免出错，你还多算了几次。

然而，尽管你是如此的谨慎细致，到了第二天早上，你还是没有看到本应早就抵达的陆地。你能看见的，只有远方无尽的海平面……就这样，你在漫无尽头的汪洋中漂泊着，最终，船员们一个接一个地葬身鱼腹。

◆ 六分仪

其形状呈扇形，角度为圆的六分之一，因此被称为"六分仪"。

在发明对数之前，纳皮尔一直在研究"球面三角学"。

在类似于地球这样的球体表面出现的三角形被称为球面三角形。球面上连接两点的最短曲线被看作是直线。由这样的直线形成的三角形就是球面三角形。研究其"边长""角度"关系的学系就是球面三角学。

在大航海时代想要远洋航海，就需要计算出发地和目的地之间的距离，也就是说需要计算所谓的球面弧长。

纳皮尔在研究过程中，建立了"纳皮尔比拟式"和"纳皮尔圆部法则"。

球面三角学的计算中，会出现天文学的相关计算。第10页的图片是一个题例，由地球上两地间的经纬度来计算两地间的距离。而大家都很熟悉正弦（sin）函数、余弦（cos）函数等的三角函数，它们彼此间的相乘运算是非常复杂的。

天文学家们需要准确的航海天文历。然而，编写天体运行历法的每一个过程，都需要计算。想要预测天体的运动，就必须要计算真正意义上的"天文级数字"。而且每年都必须重新计算一次。

天文学家们纷纷哀号："这是不可能完成的任务！"

当纳皮尔发现天文学家面对庞大的计算量袖手旁观时，肯定非常义愤填膺吧，他一定会想："难道真的没有办法了吗？"同时，他恐怕还想象过命丧汪洋的船员们的痛苦挣扎，因而感到万分焦虑吧。

◆ 球面三角学

球面三角形

| 纳皮尔公式 | 纳皮尔法则 |

$$\tan\frac{A+B}{2} = \frac{\cos\dfrac{a-b}{2}}{\cos\dfrac{a+b}{2}}\cot\frac{C}{2}$$

每个元素的正弦等于两相对元素的余弦的乘积或者等于两相邻元素的正切的乘积。

$$\tan\frac{A-B}{2} = \frac{\sin\dfrac{a-b}{2}}{\sin\dfrac{a+b}{2}}\cot\frac{C}{2}$$

$\sin A = \cos B \cos a = \tan b \tan c$

$\sin B = \cos A \cos b = \tan a \tan c$

$\sin a = \cos A \cos c = \tan b \tan B$

$\sin b = \cos B \cos c = \tan a \tan A$

$\sin c = \cos a \cos b = \tan A \tan B$

| 测量地球 |

A 酒田市
纬度：38.9213°
经度：139.837°

⟺ 距离是？

B 巴黎
纬度：48.8583°
经度：2.29451°

$\cos\theta = \cos\varphi A\cos\varphi B\cos(\lambda A-\lambda B) + \sin\varphi A\sin\varphi B$

$\quad = \cos38.9213°\times\cos48.8583°\times\cos(139.837°-2.29451°)+\sin38.9213°\times\sin48.8583°$

$\quad = 0.778009\times0.657923\times(-0.737778)+0.628285\times0.753084$

$\quad = 0.0954800$

$\quad\theta = 1.47517(\text{rad})$

$AB = $ 地球的半径6,378km×1.4751=9,408km

酒田市到巴黎的距离为9,408千米。

有趣得让人睡不着的数学

Match

最后，他终于选择挺身而出。

"好，那就由我来让航海天文历的计算变得更简单。"

这时，纳皮尔已经44岁了。400年以前，44岁已经算是步入人生的晚年了。他在这个随时都有可能离开人世的年纪，选择踏上前往神秘计算世界的旅途，并且还是孤身一人。仅这一点，已经足够震撼人心了。

使用对数，能够将乘法运算转换为加法运算

在此，我将对对数进行简单的说明。所谓对数，是运算上的一种转换系统，是能够把乘法运算转换为加法运算，将除法运算转换为减法运算的方法。

举一个简单的例子。

"1000×100"的结果在草稿纸上就能算出来，同时，我们也可以通过将"1000"和"100"的"0"相加，得出答案为"100000"。

也就是说，把"1000"看作是"10"的三次方，把"100"看作是"10"的平方，将三次方和平方的3与2相加即可得出答案。

纳皮尔注意到了这一数字法则，总结出了对数的概念。

在此，希望大家注意的，是"乘法运算转变为加法运

算"这一点。计算"1000×100"的话，使用乘法运算确实会更快，但如果数字位数较大、需要手动计算时，使用加法运算明显会更加简单。

如果，按照将100看作2、将1000看作3的思路，将各种数字转换为其他数字，并制作出一览表的话，就能够将乘法运算转换为加法运算，使得计算变得更为简单。

纳皮尔想要做的，简单而言，就是制作出能够将乘法运算转换为加法运算的机制（算法）。

看到这里，也许有读者会想"这不就是指数运算的法则吗？"

即是说，按照指数运算的法则"$a^n×a^m＝a^{n+m}$"来思考的话，$1000×100＝10^3×10^2＝10^{3+2}＝10^5＝100000$。如此，则可导出正解。

然而，在纳皮尔时代并没有指数（书写在数字右上角的小数字）这样一种书写方式，指数的概念也很不明确。

纳皮尔的伟大之处也正在于此。纳皮尔在没有指数这一概念的情况下发现了对数，并将其归纳为一个体系。如今在日本，对数是高中的数学课上学习的知识。翻开课本，对数是在学习指数之后才会学习的知识点。例如，在$y=a^x$当中$x=log_a y$。

"$3=log_2 8$"这一对数表达的含义为"以2为底，8的对

有趣得让人睡不着的数学

数为3”。

◆ 幂运算法则与对数

幂运算法则：

$a > 0$、x、y 为实数时，

$a^x \cdot a^y = a^{x+y}$、$(a^x)^y = a^{xy}$ 成立

若y=a^x，则$x = \log_a^y$

指数　　　底　真数

　　其中，8被称为"真数"。较为常见的是，以10为底的对数。这种对数被称为"常用对数"，如今在高中数学教科书上也有体现。

　　学习指数，并在了解指数的运算法则之后学习对数，是一种科学的学习方法。

　　纳皮尔的过人之处就在于，他在指数、函数的概念尚未明确的时代，就发现了对数。

　　我不禁为此感到震撼。恐怕，对数学稍加深入了解的

人，都会对此感到惊讶不已吧。

为什么他能够在不了解指数概念的情况下就发现了对数呢？

对数将天文学家的寿命延长了一倍

接下来，我将对如何运用对数使乘法运算转变为加法运算进行说明。因为运用当代数学的知识会让说明更加易于理解，我将使用指数来进行说明。

使用以2为底的对数，来把8×16这一简单的运算转变为加法运算吧。

首先，在对数表中找到真数"8"和"16"的对数。那么，我们就能找到"$3=\log_2 8$""$4=\log_2 16$"。将对数"3"和"4"相加。3＋4＝7。

接下来，在对数表中找到对数为"7"的对数公式。可以找到"$7=\log_2 128$"。如此一来，这一真数"128"即为8×16的解。这一结果和实际计算出来的结果也是一致的。

对数表，可以说是纸质的计算机。纳皮尔制作了到8位数位置的对数表，为大幅度提升编纂航海天文历必需的计算速度开辟了道路。

"多亏了对数，天文学家的寿命被延长了一倍。"

（远山启著《数学入门（下）》）

对数正是足以获得如此赞誉的伟大创举。

将人生的三分之一花费在计算上的男人

请看后文的对数表。这是纳皮尔20年来汗水与泪水的结晶。

让我们来检验一下纳皮尔对数表的准确性吧。

◈ 使用对数可以将乘法运算转变为加法运算

$$1 = \log_2 2$$

$$2 = \log_2 4$$

$$3 = \log_2 8$$

$$4 = \log_2 16$$

$$5 = \log_2 32$$

$$6 = \log_2 64$$

$$7 = \log_2 128$$

$$8 = \log_2 256$$

$$9 = \log_2 512$$

$$10 = \log_2 1024$$

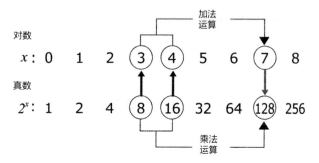

$$真数 \quad 2^x : \quad 8 \times 16 = 128$$
$$对数 \quad x : \quad 3 + 4 = 7$$

　　对数表左上角标注的"18"意为角度"18°"。表左侧最上方标注的min（分），意味着"六十进制"的"分"度。第一行"30"表示"18°30′"，Sinus表示sin值，Logarithmi表示sin值的对数值。

　　纳皮尔对数按照当代数学的写法应为：

$$x = 10^7(1-10^{-7})^y \Leftrightarrow y = \log_{(1-10^{-7})} \frac{x}{10^7}$$

x是Sinus值，y是Logarithmi值

用我手边的函数计算器进行计算之后得出结果为：

$\sin 18°30′ \times 10000000 = 3173046.56 \approx 3173047$ （Sinus）

$\log_{(1-10^{-7})} \sin 18°30′ = \log_{(1-10^{-7})} 0.3173047 = 11478927$ （Logarithmi）

Gr.　18

min	Sinus.	Logarithmi	Differentiæ	logarithmi	Sinus	
	18		+	−		
30	3173047	11478926	10948332	530594	9483237	30
31	3175805	11470237	10938669	531568	9482314	29
32	3178563	11461556	10929013	532543	9481390	28
33	3181321	11452883	10919364	533519	9480465	27
34	3184079	11444219	10909723	534496	9479539	26
35	3186837	11435563	10900090	535473	9478612	25
36	3189594	11426915	10890464	536451	9477685	24
37	3192351	11418275	10880845	537430	9476757	23
38	3195108	11409644	10871234	538410	9475828	22
39	3197864	11401021	10861630	539391	9474898	21
40	3200620	11392406	10852033	540373	9473967	20
41	3203375	11383800	10842444	541356	9473035	19
42	3206130	11375202	10832862	542340	9472103	18
43	3208885	11366612	10823287	543325	9471170	17
44	3211640	11358030	10813719	544311	9470236	16
45	3214395	11349456	10804158	545298	9469301	15
46	3217150	11340891	10794605	546286	9468366	14
47	3219904	11332334	10785059	547275	9467430	13
48	3222658	11323785	10775520	548265	9466493	12
49	3225412	11315244	10765988	549256	9465555	11
50	3228165	11306711	10756462	550249	9464616	10
51	3230918	11298186	10746944	551242	9463677	9
52	3233671	11289670	10737434	552236	9462737	8
53	3236423	11281162	10727931	553231	9461796	7
54	3239175	11272662	10718436	554226	9460854	6
55	3241927	11264170	10708948	555222	9459911	5
56	3244679	11255686	10699467	556219	9458968	4
57	3247430	11247210	10689993	557217	9458024	3
58	3250181	11238742	10680526	558216	9457079	2
59	3252932	11230282	10671066	559216	9456133	1
60	3255682	11221830	10661613	560217	9455186	0
						min
						Gr.
			71			71

（藏于京都大学力学系数学教室）

总共有7位是一致的。

想要得出这个8位数的数字，需要进行13位数字的计算。纳皮尔花费了自己人生三分之一的岁月，也就是20年的光阴来进行计算，其原因也在于此。

20年，这实在是令我难以置信。更何况，成功做到这一点的纳皮尔并非数学家，更非天文学家。

驱使纳皮尔做到这一步的原动力，究竟是什么呢？

书名中"奇妙的"一词之含义

在数学的世界里，并没有"专利"一说。数学、物理学等研究自然规律的学系不允许申请专利，这是由国际公认的规则所决定的。因为各种法则、定理是为"发现"，而非"发明"，而专利则是针对"发明"所设立的。

如果真的有创造数学公式的人（发明者）存在的话，那应当是"数学女神"吧。而人们所做的正如矿工在山中发现钻石时高呼"原来在这里！"一般，是一种"发现"。

正因如此，数学是独立于金钱世界之外的存在。财富、地位、名誉都与数学家无缘，他们就是在这种情况下不断对数学难题发起挑战。

纳皮尔应当也具有这种精神。与对财富、地位的追求不同，一定是另有动机，驱使着他在20年的孤独中不断地进行计算。

恐怕，是"我无法继续忍受对船员们的性命漠不关心了"这种义愤填膺之情，一直在支撑着纳皮尔。

或者，可以称之为"如果不能尽早发现对数的法则，就会有更多的生命被夺走"的使命感……

纳皮尔呕心沥血地计算，甚至背负起了历史般的宿命。

人们可能会误以为研究数学这门学系，不过是平淡地思考难解的问题而已。但为数学而激情澎湃的数学家、科学家们却是充满着极大热情的。数学从来都是充满爱的一门学问，这一点还请诸位读者了解。

在了解了纳皮尔发现对数的故事，以及他为了制作8位数的对数表而进行高达13位数的运算这两个事实之后，我感到了一种难以言表的感动。

并非为了财富，也非为了地位，纳皮尔日复一日地进行着天文数字级的计算。他经过20年的庞大计算，于1614年出版了 *Mirifici Logarithmorum Canonis Descriptio*（拉丁语版，英译版名为*Description of the Wonderful Canon of Logarithms*，于1616年出版）。将书名直译过来，意为"奇妙的对数法的描述"。

请看啊。尽管这是一本数学专著，却使用了"奇妙的"一词，让我们深刻感受到了纳皮尔的心情。他在对数当中看到了"奇妙"。

这是能够拯救生命的"奇妙"，也是得以触及数学女神时充满喜悦的"奇妙"。

书名中还出现了"Logarithms"一词，它在英语中是"对数"的意思。这是纳皮尔发明的一个词汇。

这个词是来自希腊语的Logos[1]（支配宇宙的法则，神的语言）与Arithmos（数）的合成词。因此，Logarithms应当译为"作为神之语言的数字"。

我曾经有幸见过原版*Mirifici Logarithmorum Canonis Descriptio*的初版。它静静地躺在京都大学理学院数学系的书库里（因京都大学理学院上野健尔教授的好意得以一见）。

1614年初版的封面让我觉得很有意思。作者名的旁边写着"Autherac Inventore"。翻译过来就是"作者以及发明者"的意思。看来纳皮尔并不认为对数是一种数学上的"发现"，而是把它当作在计算上一种新"发明"的技术。

纳皮尔在20年的计算生涯中，将对数的本质从数学的世界中抽离出来，由此发明了划时代的计算系统。他发

---

[1]　中文常译为"逻各斯"。logos 也有比例、比率的意思，所以 logarithms 也可以理解为"比例数""比率数"，我国最早的介绍对数的书即名为《比例对数表》（1635 年，穆尼阁、薛风祚合编）。（译者注）

明了一种应当被称为是"纸质计算机"的崭新的计算方法——"对数"。

前文提到过，与其说纳皮尔是一位学者，不如说他是一名工程师。因此，他定然是激昂地讴歌过这一"发明"。非要解释原因的话，正因为他并非天文学家，才能够发现对数。

正面迎击"无穷"的纳皮尔

可以说，纳皮尔曾经一脚踏入了函数的世界。

在纳皮尔对对数的定义中，包含了运动的概念。他将数看作是数轴上的点。运动的本质在于其连续性，而在数学上，则对应为数与实数之间的连续性。

纳皮尔的对数，他以分为单位，对每个数都赋予正弦（sin），接下来赋予这个正弦一个对数。在进行这一对数的计算之时，他对数字的连续性——也就是无穷性也产生了思考。也就是说，他对无理数产生了思考。

例如像$\sqrt{2}=1.414\cdots\cdots$这样，在小数点后有无穷个不循环数字的数被称作无理数。想要写出无理数，使用小数点是极为便利的。但是，在小数点尚未普及的那个年代，纳皮尔只考虑了从1到10000000之间的自然数。

顺带一提，小数的概念[1]是弗朗西斯科·佩洛斯（1450—1500）于1492年发现的，但这一记录方式并未得到广泛普及。

纳皮尔在计算对数表的过程中引入了如今的小数点记号。小数的写法是1585年由比利时数学家西蒙·斯蒂文（1548—1620）公布的。其后，纳皮尔引入了如今的小数点记号，这在*Mirifici Logarithmorum Canonis Constructio*[2]（1617年出版，英译版名为*Construction of the Wonderful Canon of Logarithms*）也有所体现。

纳皮尔使用了小数点，意在体现"数是无穷延续的"。

当时的天文学家们对于数学上的"无穷"这一概念抱着一种"眼不见为净"的态度。也许他们认为，一旦认真面对这个问题，可能就会被数学女神击败吧。他们没有选择面对，而是埋头进行研究。简单地说，他们选择了逃避。

但纳皮尔却选择了去挑战"无穷"。想要制作对数表，就必然需要研究无理数。也许，纳皮尔只是单纯地不

---

[1]　此处为原文讹误。佩洛斯是第一个使用"．"作为小数点的人，而非"小数"这一概念的发现者。中国魏晋时期的数学家刘徽于3世纪时便已经提出了十进小数的概念。（译者注）
[2]　中文译为：《奇妙的对数定理的构造》。（译者注）

知畏惧为何物而已。可他还是凭借自己的方式将"无穷"运用自如。

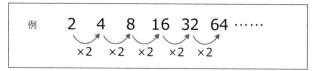

等比数列 按照一定的比值不断增加（或减少）的数列

例 2　4　8　16　32　64 ……
　　×2　×2　×2　×2　×2

等差数列 后一项比前一项总是增加（或减少）一个常数的数列

例 5　10　15　20　25　30 ……
　　+5　+5　+5　+5　+5

　　纳皮尔在指数和小数都尚未普及的年代，从数学的世界里发掘出了对数。

　　纳皮尔，就像是要缝合起等比数列与等差数列之间的缝隙一般，不断发现新的数字，不断制作着对数表。

纳皮尔的对数未能获得理解

　　纳皮尔是一位天才，是一位凡人无法理解的天才。然而，天才有时也会遭遇不幸。一个真正的天才，想要获得理解是需要时间的。离世之后才终于获得认同的天才，在科学的世界可谓是不胜枚举。

纳皮尔也是如此。他并非权威天文学家，这一点也是极为不幸的。没有人能够理解《奇妙的对数法的描述》中记述的真理，也没有人能够理解对数表划时代的意义。纳皮尔的心情究竟如何呢？

但没有任何事情能比真理更加伟大。纳皮尔得到了一位伙伴，虽然只此一人。他的名字是亨利·布里格斯（1561—1630）。他是伦敦格雷沙姆学院的天文学教授，是一位科班出身的天文学老师，在读到纳皮尔的书之后，立刻感到"就是这个"！

布里格斯想："为什么我至今为止都没有想到这一点呢？究竟是谁写的这本书呢？……爱丁堡的纳皮尔？没听说过啊。不是天文学家吗？这是真的吗。这样下去可不行，我得去会会这个纳皮尔。"

他不顾自己已经54岁的高龄，为自己尽早乘船出航见到纳皮尔做了准备。

关于纳皮尔同布里格斯的初次相遇，留下了如下记录：

"先生，与您相遇，感受到您的智慧与发现真理时的闪光，我感到万分幸运。我想要知道您最初是如何想到对数的呢？它对天文学而言是极为重要的帮手。为此，我千里迢迢来到了这里。先生，您所发现的对数，人们了解之后，就会明白这是多么温柔的发现。至今为止却没有任何人发现您的温柔，我不由得感到不可思议。"

［日］志贺浩二著《数学大航海对数的诞生与普及》

听了这话，纳皮尔得以确信布里格斯真正理解了对数的意义。他热情地招待了布里格斯，与他促膝长谈自己发明对数的经历直至夜深。这可以算得上是纳皮尔人生中最为幸福的时光之一了。

实际上，布里格斯有一个建议想要告诉纳皮尔。他提议，为了让纳皮尔发明的对数更加便于实用，有必要更新对数表。

纳皮尔的对数表虽然是一项划时代的产物，但在实用层面上仍有一些不便之处。对数表虽然让计算变得容易了，但人们仍旧需要进行复杂的运算。

布里格斯虽然有"我们一起制作新的对数表吧"的想法，但却很犹豫是否要对纳皮尔开口。这是因为，对纳皮尔说"重新制作对数表"这句话，就相当于要求64岁高龄的他"再花20年时间重新计算对数吧"。

这个想法过于惊人，并非能轻易开口。然而，在布里格斯感受到纳皮尔对对数深厚的感情之后，他下定了决心。他在纳皮尔面前冷静地将现有对数表的优缺点一条一条地指出来。

"先生，您所编写的对数表是足以名留青史的伟大发明。但令我稍感到难以启齿的是，您的对数表在使用时也会令人感到十分不便。目前的对数表还无法运用在实际工作中。您难道不想改善这一点吗？"

布里格斯如此提议道。

纳皮尔立刻回答道：

"真不愧是你啊，布里格斯。说老实话，我在这张表快要完成的时候就已经发现了这一点。但是，我所剩无几的人生实在是不足以用来完善这个缺陷。我只能将对数表完成至如今这个形态。不过，事实诚如你所言。我明白了。那么你我二人一同来编写全新的对数表吧。"

布里格斯便同纳皮尔约定明年再来拜访，之后就离开了。

常用对数"$y=\log_{10}x$"的诞生

布里格斯与纳皮尔通过信件来沟通对新对数表的想法。终于在1616年，新的对数，也就是以10为底的所谓"常用对数"诞生了。

再次来访的布里格斯定然是同纳皮尔共同分享了喜悦之情的。然而布里格斯却很快便拜别了纳皮尔。

"先生，我还会再回来的。到时我会带着新的对数表一起来，请您再等我一年。"

布里格斯应当是明白的，纳皮尔将不久于人世了。也正因为如此，他才定下了一年之约。也许是因为他相信，只要有了新的对数表，纳皮尔就能够了无牵挂地离去。

布里格斯回到伦敦，开始编写新的对数表，并按照约定，在一年之内完成了新表。而且这次他对到1000为止的数进行了高达14位数的计算，制作出了精确度极高的对数表。

$$\log_{10}1=0$$
$$\log_{10}xy=\log_{10}x+\log_{10}y$$

这版对数表，就是如今高中教科书中"$y=\log_{10}x$"的常用对数表的原型。根据这一新版对数表，1的对数为0，积可以转变为和。

对数成为人类的智慧

正当布里格斯将要第三次拜访纳皮尔之时，他收到了一封讣告。这封讣告带来了纳皮尔的死讯，纳皮尔于1617年4月4日去世了。

布里格斯究竟是带着怎样的心情看完这封信的呢？我想，他应当是一手持信，在铺满记录着"$y=\log_{10}x$"算式的书桌前呆立了许久吧。

我是这样想的：

这封讣告带来了纳皮尔最后的讯息。

"布里格斯，你一定可以完成对数表的。已经足够了。你不用来看我了。请你继续计算吧。"

布里格斯应当是把纳皮尔的死当作了一个讯息。

之后，布里格斯继承了纳皮尔的事业，他直到63岁为止都在更新对数表，并将其更新到了100000为止。他编写的对数表因为使用方便而风靡世界，被人们称作"布里格斯对数表"。

人们争先恐后地改进"布里格斯对数表"，在江户时代，"布里格斯对数表"还传到了日本。"布里格斯对数表"为许多需要进行天文数字级计算的人提供了帮助。

与此同时，纳皮尔的名字却被人们渐渐遗忘了。

纳皮尔最终也未能在去世前见证对数为这个世界带来了多么大的益处。他在去世之前，究竟是怎样的心情呢？他是否留有遗憾呢？

我认为并非如此。数学女神并没有抛弃他。虽然仅有一人，他仍旧获得了布里格斯这位真正的知音。就像是数学女神为他带来了继承人一样。

数学是一门需要接力的学科。前人们需要不断将接力棒交给后人，数学才能不断发展。后继者们则要运用前辈们发现的法则、原理，进一步探索更深奥的数学世界。

对数由纳皮尔发现，并成为全人类的智慧财富。为了拯救人类的生命而埋头苦算20年的纳皮尔若是知道了这些，应当心满意足了吧。

约翰尼斯·开普勒（1571—1630）
因发现了关于行星运动的"开普勒三大定律"而闻名。

纳皮尔发现的对数，之后也深刻地影响了数学、天文学、物理学的研究。例如，纳皮尔同时代的德国天文学家约翰尼斯·开普勒因发现"开普勒定律"，有力地佐证了日心说而为人所熟知，他也曾研究过对数。

因万有引力而家喻户晓的牛顿奠定了"微积分"的基础，在其中也进行了相当于对数的一些计算。

欧拉的"e"为何被称为"纳皮尔数"

纳皮尔孤身一人，踏入了黑暗不透光的密林。在探寻数字本质的过程中，窥见了数字之间神奇的关联，最终揭开了等比数列与等差数列之间存在的联系。

数学女神绝不会主动揭开自己的面纱。只有脚踏实地去计算的人才能被邀至女神的圣殿。纳皮尔正可谓是获得女神祝福的人。

身为虔诚基督教徒的他，每晚应当都会这样祈祷。

"在我完成计算之前，请赐予我多一天的生命。"

他在饱经苦难后，终于将对数的规律归纳为下图的公式。

这是一个非常神奇的公式。即便是布里格斯，恐怕也未能理解这个公式的真正含义。

它的真正含义，是在100多年后由瑞士的天才数学家莱昂哈德·欧拉揭示的。

莱昂哈德·欧拉（1707—1783）
在数学领域做出了许多贡献，有许多方程、等式、
定理等都以他的名字命名。

从结论来说，纳皮尔对数实际上是所谓的"自然
对数"。而这个"自然对数"，就是以纳皮尔数 e （＝
2.71828……）为底的对数。纳皮尔认为1000万是最大数字。
将其置换为无限大，那么纳皮尔对数则应为 $y＝\log_{e^{-1}} x$。

$$y = \log_{0.9999999} \frac{x}{10000000}$$

纳皮尔确实是走在了时代的前列。他发现了自然对
数，还和布里格斯一起制作了常用对数表，数学也因此得
以发展。到了欧拉的时代，欧拉才得以成功发现自然常数
"e"。

欧拉细致地研究了纳皮尔和布里格斯的对数。在数学领域，常数"e"是可以同圆周率相提并论的重要数字，是支撑起微积分根基的常数。

为什么欧拉发现的常数"e"被称作"纳皮尔数"呢？那是因为，"e"最初其实是在纳皮尔的对数当中出现的。

人类身上蕴含着对数？

如今，想要成为海员的学生仍旧需要在练习船上观测星星和太阳的位置，满头大汗地算数，反复训练，判断船只现在所处的位置。

在无数次的反复训练后，连身体都对观测方法产生了记忆，练到学生们哀叹："我明明就是不想算数才来当船员的！"

当然，现如今我们可以使用GPS（Global Positioning System，全球定位系统）来测算船只所处位置。

即便如此，在日本实行的海员资格考试中，仍旧会有一些题目，给出时钟及六分仪的误差，提供气温、海水温度等各种条件，要求考生"根据两颗恒星的观测数据，参考航海天文历，算出船只所处位置"。

也就是说，直到如今，船员们仍旧依靠着航海天文历保命。这是为什么呢？理由很简单。带有GPS功能的精密仪器，一旦遇上海水就会发生故障，或是因为电池断电而无法使用。

"改变世界的十大数学公式"邮票

设计中体现了六分仪、纳皮尔数e和自然对数ln
（1971年 尼加拉瓜）

只要有航海天文历、时钟和六分仪，就能够判断自己所处的位置及应当前进的方向，历史悠久的技术直到今天也是十分可靠的。在GPS损坏、即将遭遇海难时，学生们应该也会万分感激，庆幸"幸好我学过该怎么计算所处位置"吧。

这种心情和航海技术刚刚诞生时的船员们的一样。用自己的双眼和大脑判断出目前所处的位置——只有做到了这一点，才被允许掌握船舵。

另外，"钟表"和六分仪上的"镜片"也是在大航海时代得到发展的。因为这两样工具都是关系到船员性命的工具。

表指示的时间差一分钟，在海上的定位就会错位几千米甚至几十千米。为此，船员们需要钟表即便在惊涛骇浪中、温度急剧变化之时也能够指示出正确的时间。而镜片只要有些许的不平整，就无法准确测量出星星的位置。看漏和看错都会导致遭遇海难。

当时的船员们将自己的性命交托给钟表和六分仪，以及因为对数的发现而变得精准的航海天文历身上，肩负起国家的使命，驶向了茫茫汪洋，开拓了近代的世界历史。

在航海技术以外，例如在工学的世界里，尤其是设计音响的工程师也需要了解对数。因为人类能够听到的音是呈对数比例的。

如果把人类的耳朵能够听到的声音范围中最小的音量设为1的话，最大的音量则是100万。也就是说，从1到10的六次方是人耳能够听到的范围。

然而奇妙的是，10+10的音量，也就是音量扩大到原来的两倍，在人耳听来也并不会觉得"音量变为了两倍"。只有当10的音量变为10×10，也就是100的时候，我们才会感觉音量"变为了两倍"。

人类不是通过加法，而是通过乘法来感受声音的。不仅仅是声音，人类的所有感官都是一样的。这一点，可以通过"韦伯-费希纳定律"（1840年）来解释，"感觉上的强度和刺激的强度成对数比例"。

这难道不是上帝将对数编织进了人的体内吗？当我们从对数的角度去观察数学，至今为止未曾注意过的自然现象也能够跃然眼前。

纳皮尔发现的对数，是自无穷的过去延伸到无穷未来的宇宙定律的旋律。纳皮尔穷极一生，抓住了那和谐的旋律。

对数打造了以技术立国的日本

我在学生时代听说了纳皮尔为了发现对数而进行超乎想象的计算的故事，他因为过于超前于时代而没能得到他人的理解。我十分感动。

纳皮尔虽然不是数学家，但他发现了改变数学，不，他发现了改变人类历史的对数，这一伟大的成就是不可动摇的事实。这一事实直到如今仍旧在教导我"数学究竟是什么"。

日本在第二次世界大战中战败，化为了一片废墟，人们通过将对数作为计算机使用，建立起了日本的技术大国的地位。400年前纳皮尔一人的愿望，如今也在日本的土壤上延续着。

如今，纳皮尔所居住的梅奇斯顿城已经成为纳皮尔大学，每天都在培育着年轻的人才。纳皮尔在苏格兰被尊为伟人，但在日本却鲜为人知。

对数切实地同我们有着千丝万缕的联系。

纳皮尔，你究竟是怎样产生这个谁也想不到的想法的呢？

在没有小数也没有指数的年代，你创造了对数。

究竟是什么驱使你做到如此地步？

对数表的制作，

是与无穷无尽的计算做斗争。

纳皮尔，你孤身一人起身迎击。

每当想到你的身影，我的心中总会充满勇气与感动。

纳皮尔，你创造的对数，正如你所期望的那般，

从计算的劳苦中解放了人们，运用于航海技术后拯救了无数船员的生命。

对数的能量就是如此的强大。

你所发现的对数，

直到今天仍旧推动着科学与社会的发展。

我希望能让尽可能多的人，

去了解曾经存在过像你这般的伟大人物。

我想要告诉世人，你究竟是怀着怎样的心情发明了对数。

在心中泛起的波痕，将延伸至永远的将来，

超越时间，超越空间，直至无穷。

如今已经过去了400多年的光阴，

纳皮尔，我能听到你的心声。

纳皮尔，你能听见我吗？

我希望你知道，

在一个遥远的国度，如今也有人在缅怀着你。

纳皮尔，我很庆幸自己能够触及你的灵魂。

谢谢你，纳皮尔！

牛顿：至今仍在影响世界的
天才物理学家

$$F = \frac{Gm_1m_2}{r^2}$$

牛顿的"奇迹的两年"

艾萨克·牛顿（1642—1727）
确立了牛顿力学，发现了万有引力及运动定律，深远地影响了后人。

　　数学、物理无法为研究者带来直接的经济利益。德国物理学家阿尔伯特·爱因斯坦，苏格兰数学家约翰·纳皮尔，印度数学家斯里尼瓦瑟·拉马努金，瑞士数学家莱昂哈德·欧拉，德国数学家卡尔·弗里德里希·高斯……他们究竟怀着怎样的理想，又是带着怎样的心情，在无法为自己带来经济利益的知识海洋中探求的呢？

　　只要了解牛顿那不为人知的一面，这一问题的答案也就显而易见了。牛顿之前的约翰尼斯·开普勒、意大利物理学家伽利略·伽利雷、法国哲学家布莱士·帕斯卡、法国哲学家勒内·笛卡儿等杰出学者都在数学、物理学的世界里让自己的思想留下了烙印。

卡尔·弗里德里希·高斯（1777—1855）
与阿基米德、牛顿并称为"世界三大数学家"。

伽利略·伽利雷（1564—1642）
被称为"近代科学之父"。

布莱士·帕斯卡（1623—1662）
在概率等领域的研究上非常知名。

勒内·笛卡儿（1596—1650）
因其理性主义思想而对数学研究产生了莫大的影响。

　　牛顿继承了他们的事业，开始挑战数学的世界。牛顿作为一名物理学家的名气实在是太大了，但准确而言，他并不是物理学家，而是一名数学物理学家。

　　牛顿生于1642年12月25日圣诞节这一天。1642年也是伟大科学家伽利略·伽利雷逝世的年份，有许多人说，牛顿说不定就是伽利略转世的呢。

牛顿由母亲一手拉扯大，虽然他身处的教育环境算不上得天独厚，却成功考入剑桥大学三一学院（构成剑桥大学的学院之一）。有些书籍记载牛顿曾被母亲抛弃，但实际上，母亲、叔父等亲朋好友的理解与关爱曾是牛顿的精神支柱。

牛顿曾度过了"奇迹的两年"，他主要的科学成果都集中在1665年到1667年这两年间。

y

这部分面积是？

$S(x)$

-1　　0　　　　　　x　　　　　　　x

能够做到这一点，是因为当时英国爆发了流行病"黑死病"。黑死病是一种可以致死的传染病，伦敦爆发了黑死病疫情，大学因此停课。牛顿回到故乡，得以心无旁骛地专心研究，并接连完成了伟大的发现。

爱因斯坦于1905年接连发表了多篇关于三大理论（"布朗运动"、"相对论"、"量子论"）的论文，这一年也被称作"奇迹的1905年"。而对于牛顿来说，奇迹年则有两年。

请看上图。图中所示的是$y=\frac{1}{1+x}$这一双曲线在第一象限（$x>0$，$y>0$的部分）中的图形。牛顿对"如何计算双曲线与x轴之间部分的面积"进行了思考。

他选择的方法是直接将$y=\frac{1}{1+x}$进行除法运算。如此即可导出以下结果。

$$y=\frac{1}{1+x}=1-x+x^2-x^3+\cdots\cdots$$

这就是"无穷级数"（拥有无穷个项的级数）。牛顿在这一时期就着手研究"无穷级数"的相关理论了。

为何牛顿并不是单纯的物理学家，而是数学物理学家呢？这是因为他几乎仅凭一己之力就完成了这一数学理论。

他并非仅仅去使用已有的数学公式。

牛顿虽然清楚只要对$\frac{1}{1+x}$进行积分运算就能求出面积，却不知道该如何直接进行积分运算，于是便想到了所谓的整理函数——也就是大家在学校学到的x^2、x^3，牛顿认为"只要把它们分别进行积分运算就可以了"。

这样一来，将得出如下等式：

$$S(x) = \log(1+x) = x - \frac{x^2}{2} + \frac{x^3}{3} - \frac{x^4}{4} + \cdots\cdots$$

这在数学中被称作"逐项积分"。牛顿认为，只要逐项积分，就能够计算出面积。

如今的高中生，只要学过高等数学就都知道"只要将 $\frac{1}{1+x}$ 进行积分运算就能够得出 $\log(1+x)$"。这被称为"自然对数"。

用笔进行高达50位计算的"计算超人"

牛顿最厉害的一点在于其超人的计算能力。牛顿使用 log 的无穷级数展开，巧妙地计算出了 log 的值。级数是将数列各项依次相加的函数。通过这种形式将数列转换为函数，被称作级数展开。

请看第46页的图。先准备正、负两个方程。之后，将 x 代为0.1，开始计算。

这样一来，就可求得连立一次方程的解为 log1.1 和 log0.9。

log1.1＝0.0953101798043

log0.9＝－0.105360515657

再来看另一个。

将 x 代为0.0016可以算出 log0.9984，那么再从另外一个方向来进行计算。

将0.9984变形为$2^8 \times 3 \times 13 \times 10^{-4}$可以得出如下方程。

$\log 0.9984 = 8\log 2 + \log 3 + \log 13 - 4\log 10$

也就是说，$\log 0.9984$的值可以根据$\log 2$、$\log 3$、$\log 13$、$\log 10$的值计算出来。

牛顿进行了高达50位数的手工计算，并细致地对照、检查，最终确认自己的计算是正确的。他是一位拥有罕见计算才能的数学家。

牛顿与关孝和的共通点

实际上，江户时代的数学家（和算家）关孝和也使用了和牛顿相同的方法。

◆ 牛顿是如何计算的

$$\frac{1}{2}\{\log(1+x) - \log(1-x)\} = x + \frac{x^3}{3} + \frac{x^5}{5} + \frac{x^7}{7} + \cdots\cdots$$

$$\frac{1}{2}\{\log(1+x) - \log(1-x)\} = -(\frac{x^2}{2} + \frac{x^4}{4} + \frac{x^6}{6} + \frac{x^8}{8} + \cdots\cdots)$$

将这两个等式中的x代为0.1的话⋯⋯

就能求出log1.1和log0.9！

关孝和为了计算圆周率，使用了内接正多边形（在圆内与圆相接的正多边形）。2的16次方是65536，它的两倍是131072，关孝和绘制出了正131072边形。

通过计算这一图形的周长，以及圆的外切正多边形的周长，两相比较，就算出了圆周率。

牛顿与关孝和，两人虽然分别来自英国和日本，国籍不同，但他们却生活在同一时代。关孝和是一位普通的武士，牛顿则出身于贫苦农家。他们二人究竟为何如此善于计算呢？牛顿曾就此说过这样一番话。

我不断将计算对象放于眼前，拂晓前的天空略略开始泛白，我静静地等待着，直到明亮的光芒慢慢投到我跟前。

［美］詹姆斯·格雷克著，［日］大贯昌子译《牛顿传》

对于科学家、数学家而言，最为重要的是学会忍耐。无论是关孝和还是牛顿，都是在耐心地等待、彻底地思考后，才最终取得伟大的成果。

"发明微分的牛顿"与"发明积分的莱布尼茨"

在这里，我想介绍一下牛顿的老师约翰·沃利斯（1616—1703）发现的圆周率公式。沃利斯这位数学家在关于无穷的研究领域做出了许多贡献，同时也是无穷大符号（∞）的发明者。

请看第49页的图。沃利斯发现的公式非常有韵律美。按照这一公式计算，就能得出3.14159265……

接下来请看德国数学家戈特弗里德·莱布尼茨发现的圆周率式。

戈特弗里德·莱布尼茨（1646—1716）
在哲学、数学、政治等多个领域均有建树，独自发现了微积分。

莱布尼茨可以说是牛顿的宿敌。他也是积分符号"∫"的发明者。牛顿用$\dot{x}$来表示时间的一阶微分（也就是速度），用$\ddot{x}$来表示时间的二阶微分（也就是加速度）。

微分和积分几乎是在同一个年代创立起来的学说，但这就造成了一个问题——先出现的究竟是微分还是积分。牛顿和莱布尼茨曾为此争论不休。

在牛顿和莱布尼茨去世后，英国和德国也一直在为此争论。第一个发现真理的人才能够享受荣耀——这就是科学的世界。

可我却认为，牛顿和莱布尼茨并不在乎这些。看他们的书信往来就能够清楚地知道这一点。他们两位想要追求的，只有真理而已。

圆周率的公式

$$\frac{\pi}{2} = \frac{2 \times 2 \times 4 \times 4 \times 6 \times 6 \times 8 \times \cdots}{1 \times 3 \times 3 \times 5 \times 5 \times 7 \times 7 \times \cdots}$$

莱普尼茨的公式

$$\frac{\pi}{4} = 1 - \frac{1}{3} + \frac{1}{5} - \frac{1}{7} + \frac{1}{9} - \frac{1}{11} + \frac{1}{13} - \cdots$$

解开天体运动的奥秘

牛顿在研究"运动"时，想尽了各种方法。

月亮为什么不会落下来呢？

巨大的物体在宇宙中运动——这就是流体力学（研究气体、液体等流体运动规律的物理学分支），而牛顿则由此延伸出了微积分的思考模式。

准确而言，流体力学中的"流数"（fluxions，流体在一定时间内变化的流量）一词就是最先由牛顿提出的。他由此创立了微分。

所谓的牛顿运动定律[1]的公式如下所示。

$$F = ma$$

F为物体所受的外力，m为物体的质量，a为加速度。

实际上，这一公式并非牛顿归纳而成的。第一个将此定律公式化的人是欧拉。牛顿并未最终写出这一公式。是欧拉在研究了牛顿的著作后，将运动定律归纳为这一非常完美的公式。

数学是一种语言，需有其文字及符号。数学家的工作，就是为脑海内浮现的、尚未经过文字及符号表达的想法变为文字与符号化的发明——将其充实为一种概念。

圆是直线吗？

欧拉使用"微分的语言"，完美地归纳出了$F = ma$这一公式。

牛顿所进行的微分是什么呢？

是一种"将一切都按照几何学思维来思考"的思维

---

[1]　此公式实为牛顿第二运动定律的公式，原文仅用"牛顿运动定律"来表述是不准确的。

模式。

圆在局部上是一条直线。牛顿用显微镜去仔仔细细地观察一个圆，得出了"圆是直线"的结论。

在圆的任何一点上均可以画出一条切线。该点与圆心的连线与通过该点的切线垂直。这样一来，我们利用初中的数学知识也能够完成计算。

也即是说，曲线上可以画出一条切线，这基本可以证明其"和直线等同"。

我们可以试着计算一下。

在直线上，设定不同的两点x与Δx，各自坐标则为x与$x+\Delta x$。

各自的y坐标则为$f(x)$与$f(x+\Delta x)$。这一切线的斜率也可以求出来。

$$斜率 = \frac{\Delta y}{\Delta x} = \frac{f(x+\Delta x) - f(x)}{\Delta x}$$

设$f(x)=x^2$，且Δx无限接近0，这样一来，斜率则为$2x$，即：

$$斜率 = \frac{\Delta y}{\Delta x} = \frac{(x+\Delta x)^2 - x^2}{\Delta x} = 2x+\Delta x \fallingdotseq 2x$$

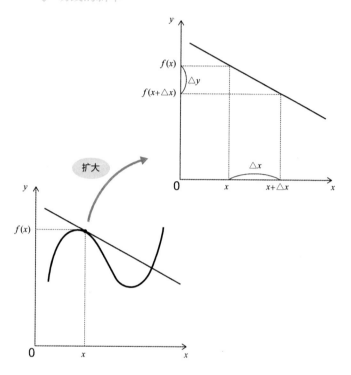

切线的斜率为 $\dfrac{\triangle y}{\triangle x} = \dfrac{f(x+\triangle x)-f(x)}{\triangle x}$

这就是x^2的微分。相当于x^2的切线的斜率。牛顿想出了如上文所述的计算方法。

这个公式是牛顿的发明。也就是$(x+\Delta x)^2$这一部分。

从数学层面上来看，微分基本上是由欧拉完成的。但牛顿之名之所以能够永载史册，是因为，表达$(x+y)^n$展开方法的公式就是"牛顿二项式定理"。

牛顿进行了十分精密的计算。这也说明了他是一个具有优秀观察能力的人。

因此，他认认真真地观察了圆——经过计算，他合理地解释了圆周运动（在某一圆周上进行的运动）。一切都能够从几何学的角度得到合理的解释。

牛顿从一个非常小的角度进行思考，迈出了第一步。

圆周运动为何会产生

使得牛顿举世闻名的，是《自然哲学的数学原理》（1687）一书。其中提到了一个有名的"思想实验"。所谓思想实验，是针对理论上可能实现的实验方法设定各种条件，并在想象中考虑这些条件下可能产生的现象。例如，圆周运动为何会产生？

假设田中将大[1]投手在投球。如果他慢速投球，那么球会很快落地。如果他投出较快的球，球就能够飞得较远。如果他投出更快的球，球飞行的距离也就会变得更远。

球速慢时会落在D点，稍快些会落在E点，更快一些会落在F点。球的速度越来越快，在达到某个速度时，它就能够绕地球一周，最终回到原地（归根结底这只是个假设）。请看下方的图。

◆ 用不同速度投球的话……

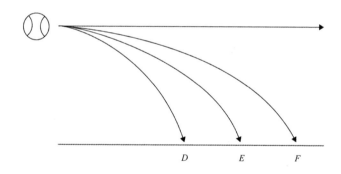

D E F

---

[1]　日本职业棒球运动员。

不过，这样一来球就会击中田中投手的脑袋，所以我们让他把头压低一点，躲开棒球。那么，棒球将继续绕地球飞行。这就是圆周运动，棒球一旦达到了某一速度，就几乎不会落下。

而上述现象，也和广为人知的"牛顿的苹果"这一故事有着深深的联系。

月亮和苹果有什么区别？

在这里，我想向各位读者提一个问题。

苹果树上的果实成熟后，很快就会纷纷掉落在地上。可高悬于夜空的月亮，为什么不会落到地上来呢？

当时基督教世界的统治者们是这样解释这一现象的。

"月亮是受天上的法则支配的。"

"苹果是受地上的法则支配的。"

牛顿却难以认同这种说法。

苹果树如果越长越高的话，它的果实难道会和月亮一样，不会掉落吗？换言之，牛顿认为苹果也是受到和月亮相同的法则支配，受到相同的力的作用。

牛顿思考着苹果和月亮的不同点。他得出结论，认为区别在于"与运动方向相垂直的作用力（在地球上是重力）引起的运动"（圆周运动）。这才是"牛顿的苹果"

的故事。而并不是大众所了解的那样，牛顿因为看到苹果从树上落下，从而发现了"万有引力"。

"万有引力定律"的表达式如下所示。

$$F = \frac{Gm_1m_2}{r^2}$$

F是万有引力（所有有质量的物体之间相互作用的引力）的大小，G是万有引力常量，分子m_1、m_2是质量，分母r是距离。在r的右上角有一个2，这一点比较难以理解。

"分母是r的二次方"意味着"作用力与距离的平方成反比"。因此，物体间的距离越远，万有引力就越小。反之，物体间的距离越近，就越会有一个非常大的力——也就是引力——会开始产生作用。

开普勒留下的问题也为"万有引力"的发现提供了一个很大的提示。1666年，牛顿为了说明开普勒关于行星运动的"三大定律"（椭圆定律，面积定律，调和定律）而进行了计算。如果与距离的平方成反比的力在作用，那么地球就会在椭圆轨道上绕太阳旋转。

牛顿发现了掩藏在开普勒定律之中的万有引力定律。由此，开普勒第一定律"行星在椭圆轨道上运转"不仅在计算上得到了证明，在几何学上也得到了证明。

顺带一提,牛顿在十几年之内都没有公开自己在计算中得到的"万有引力定律"。

汽车、飞机、新干线,都可以用 $F=ma$ 来说明

那么,现如今科学所面临的最大问题是什么呢?

是物理学的问题。"万有引力""重力"在当下仍旧是我们需要面对的重要课题。牛顿第一个定量地从距离、质量的角度,利用算式、公式、方程对"力"这一概念进行了说明。

某个物理量在空间的一个区域内的分布被称为"场",如重力场、电磁场等。在现在的物理学研究中,关于场的理论"场论"是最为根本的一个概念。

从"场论"的角度来考虑,所谓的重力就称作量子化(将场这一古典力学的原理转换为量子力学原理)。

"为何是引力?"

"为何与距离的平方成反比的力会产生作用?"

必须彻底地解释清楚这些问题。

人们现在还无法对素粒子的根本原理进行解释。

牛顿仅仅在两年之内就完成了数学物理学的研究。这两年的奇迹年,奠定了牛顿不可动摇的地位,这对他而言,可能多少有些不上不下吧。

可令人震惊的是，牛顿在这两年内做出的成果如今也依旧影响着这个世界。大家平时搭乘的汽车、飞机、新干线，都证明了"$F=ma$"。虽然没有用到相对论，但"牛顿力学"就已经足够了。

光究竟是"波"还是"粒"

牛顿的运动方程，发展成了量子力学的波动方程。地球和苹果相互吸引，这就是万有引力。

那么，电子所处的微观世界也遵循这一规则吗？

事实并非如此。微观世界有其特有的规则——量子力学。在这里，牛顿关于"光的理论"就变得尤为重要了。

物理学中有一个很重要的问题，"光究竟是什么"。

牛顿在数学界的宿敌是莱布尼茨，在物理学界的宿敌则是荷兰的克里斯蒂安·惠更斯（1629—1695）。惠更斯认为"光是波"，牛顿则主张认为"光是粒子"。

对于光的本质的大讨论一直持续到了20世纪。这也是将爱因斯坦（83页）、丹麦物理学家尼尔斯·玻尔（107页）、德国物理学家沃纳·海森堡、奥地利物理学家埃尔温·薛定谔以及日本的仁科芳雄（107页）等不朽天才们连接起来的原点。

光究竟是什么？现在，我们得出的结论是"光是某种既可以被看作是波也可以被看作是粒子的物质"。这被称作"量子"。

沃纳·海森堡（1901—1976）
诺贝尔物理学奖得主。量子力学创立者之一。
因提出不确定性原理而广为人知。

埃尔温·薛定谔（1887—1961）
为量子力学的发展做出了贡献，以他的名字
命名的波动方程已经成为量子力学的代名词。

惠更斯的"光是波"的观点曾一度占据上风，英国物理学家詹姆斯·克拉克·麦克斯韦（1831—1879）也认为"光是电磁波"。正当"光是波"这一观点将要成为定论之时，在1905年，爱因斯坦登上了舞台，宣称"并非如此，光是粒子，也就是光量子"。爱因斯坦支持的是牛顿。

虽然这一观点使得情况变得更加混乱，但量子力学确实是做出了解答。

观察牛顿的一生，我们可以发现两件事：

他没有公开自己的数学发现。

他晚年沉迷于研究"炼金术"。

我认为，于牛顿而言，探寻科学的目的，仅仅是为了获得自身的喜悦。这份喜悦，来自将自我投身于对真理不知疲倦的追求之中去。

Part 3

关孝和：能够自如运用微积分的和算天才

$$+ \left(\begin{array}{c} \text{正}2^{16}\text{边形的} \\ \text{周长} \end{array} - \begin{array}{c} \text{正}2^{15}\text{边行的} \\ \text{周长} \end{array} \right) \left(\begin{array}{c} \text{正}2^{17}\text{边形的} \\ \text{周长} \end{array} - \begin{array}{c} \text{正}2^{16}\text{边形的} \\ \text{周长} \end{array} \right)$$

$$= \text{正}2^{16}\text{边形的周长} + \left(\begin{array}{c} \text{正}2^{16}\text{边形的} \\ \text{周长} \end{array} - \begin{array}{c} \text{正}2^{15}\text{边行的} \\ \text{周长} \end{array} \right) - \left(\begin{array}{c} \text{正}2^{17}\text{边形的} \\ \text{周长} \end{array} - \begin{array}{c} \text{正}2^{16}\text{边形的} \\ \text{周长} \end{array} \right)$$

=略小于3.14159265359

※2^{15}=32768　　2^{16}=65536　　2^{17}=131072

关孝和（1642—1708）
自学《尘劫记》后，使日本特有的数学
流派"和算"获得了极大的发展。

　　现如今在日本，有很多孩子讨厌算术和数学。但在江户时代，日本本土发展起来的数学流派"和算"在民间大为流行，从大人到小孩，都以算术作为一种乐趣。

　　吉田光由（1598—1672）是一名和算家，他研究了中国的数学典籍，于宽永四年（1627年）出版了日本第一部集算法之大成的算术入门书籍《尘劫记》。

　　《尘劫记》中记录了算盘的用法，以及丈量土地时必需的面积、体积的测量方式，卖油店用枡[1]分油时应当怎么分，鹤龟算[2]等，网罗了许多便利日常生活的实用问题。

《尘劫记》也由此得以普及，成为每家每户必备的书籍，十分畅销，甚至连流行作家井原西鹤、十返舍一九、泷泽马琴等人都望尘莫及。

本书因为太受欢迎，甚至还出现了盗版，直到江户时代末期仍有销售。可见，和算在民间的流行曾经是多么繁盛。

吉田还在《尘劫记》中提出了难解的"遗题"（在数学典籍中记录交由后人解答的问题），向读者发起挑战："来吧，你能解开这些问题吗？"

看到这些问题的民间和算爱好者纷纷挑战解题，一旦得出结论就会在漂亮的木质匾额上写出自己的答案，仿佛在夸耀自己一般："怎么样，我可是解开了。"人们还会将匾额贡献到神社、佛寺——这就是"算额奉纳"的起源。

算额奉纳不仅只记录解答。解开问题的人有时还会提

---

[1]　日本一种量器。（译者注）
[2]　即鸡兔同笼问题。（译者注）

出新的问题，向世间的和算爱好者们发起新的挑战："来吧，来试着解开这个问题吧。"后人解开这个新的谜题，得出解答后，又会再次提出新问题，记录在算额之上。

在和算书中，也存在"提出问题—解答者提出新问题"这样一种循环。也就是所谓的"遗题继承"。遗题继承在历史上持续了将近200年。

"提出问题"是数学研究的一大精髓。这才是数学得以发展的原动力，也是以吉田为代表的和算大家们在潜意识中看透的真理。

凭借"遗题继承"与"算额奉纳"这两大世上绝无仅有的体系，和算最终发展成为高等数学。

美国的理论物理学家弗里曼·戴森（1923—）在数学上的造诣也十分深厚，对和算也给予了非常高的评价。

在与西洋的影响相隔绝的年代，日本的数学爱好者们创造出了在这世界中独一无二的"算额"，它应当被称为艺术与几何学的结晶（摘自朝日新闻社主办"平民算术展"寄语）。

而在和算风靡之时，日本还诞生了一名世界级的天才数学家。那就是被誉为"算圣""数学之神"的关孝和。

在伯努利之前发现"伯努利数"

天才关孝和出生于1642年前后。井原西鹤生于1642年，松尾芭蕉生于1644年，关孝和活跃的年代正是江户前期元禄文化大放光彩的年代。

关孝和自学了《尘劫记》，并且熟练掌握了宋、元两代的高次方程的解法"天元术"等知识之后，接二连三地解开了前人们发起的挑战——"遗题"。

关孝和解开的第一批问题，是《古今算法记》（1671）中记录的共计15个问题。他一口气解开了所有的问题，将解答出版，并命名为《发微算法》（1674）。

不仅如此，关孝和还发明了基于天元术发展而成的划时代算法"傍书法"，凭一己之力将和算发展壮大。

"牛顿的近似方法""牛顿插值法""极大极小理论""结式与行列式""近似分数""伯努利数""古尔丁定理""圆锥曲线""球面三角法"等，关孝和的成绩可谓是不胜枚举。

关孝和发现了用于求连立方程解的多项式"行列式"，以及在函数的级数展开时出现的有理数系数"伯努利数"，这些都是领先于世界的发现。

例如，一般认为行列式是莱布尼茨于1693年提出的，但关孝和在其10年之前，就于自己的著作《解伏题之法》

（1683）中提到了行列式的展开。

此外，关于伯努利数也是同样。在瑞士数学家雅各布·伯努利引入伯努利数的一年前，也就是1712年，关孝和就在《括要算法》中提到了它。虽然他是使用汉字纵向书写的，并没有使用数字，而是使用和算的方式，用算盘上的"算筹"，用小棍表现数字的，但仍旧能够和伯努利数完美对应起来。

雅各布·伯努利（1654—1705）
因为对概率的研究而闻名。

因此，伯努利方程准确而言应当被称作"关－伯努利方程"。

连六元一次方程都解开了！

当时，日本正处于锁国时期，欧洲的数学成就并没有传入日本。即便如此，日本人也研究了方程解法，对于圆以及数列之和也进行了思考。日本独创的和算，也丝毫不逊色于欧洲的数学，对于数学的核心问题进行了深入研究。

和算的基础，在于由中国传来的天元术，这是一种针对高次方程的数值解法。但是，天元术的未知数只有一个，这也意味着天元术是"只能解一元方程（只有一个未知数的方程）"的简单计算方法，中国的数学研究就在此停滞了。因为只要能解开一元方程，就能解决绝大多数包括丈量土地在内的、生活中必须面对的计算。

然而在日本，对于方程的研究脱离了日常运用，进入了针对问题本身进行研究的阶段。

◆ 人们供献到神社的江户时代的"算额"

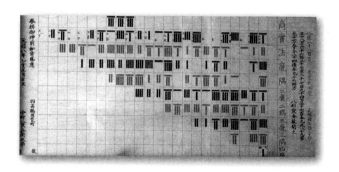

（日本山形县鹤岗市远贺神社复元算额）

不仅是三次方程、四次方程，在我的家乡日本山形县鹤岗市的远贺神社内，甚至有解开了八次方程的算额。此外，在日本唯一一间长期展出算额的岩手县一关市博物馆内，居然还流传着用天元术解开了六元一次方程的记录。

关孝和将天元术吃透后，为了解开难度极高的问题（遗题），而发明了一些必要的解法，改进了天元术，无论未知数有 x、y、z……甚至无限多个，都能够解开方程。这就是"傍书法"。

过去使用天元术计算时需要运用算盘和算筹（由中国传来的计算时使用的小棍），但关孝和发明了在纸上进行计算的"笔算"，计算多元高次方程时将会更加简便。这就是关孝和的伟大之处。

就算没有"算筹""算盘"等工具，人们也可以在纸上解开方程，因为这次进化，和算在这之后得以爆发式地普及开来。

全世界"π 爱好者"们不断挑战的理由

在这位取得无数辉煌成就的天才眼中，仍旧有一个难题，那就是"圆周率"。圆周率的符号是希腊字母"π"。

它的值为 π ＝3.14159265……

圆周率是我们大家都学习过的，它用来表示直径为 1 的圆的周长。当圆的直径翻倍，变为 2 时，其周长也将翻倍，变为约6.28。

　　圆周率的公式，在古希腊数学家、物理学家阿基米德，哲学家、数学家毕达哥拉斯的时代就已经出现了。在那之后约翰·沃利斯、艾萨克·牛顿、戈特弗里德·莱布尼茨、英国天文学家约翰·马青、莱昂哈德·欧拉等许多古今和外的天才数学家们都曾为圆周率而倾倒。

阿基米德（约公元前287—约公元前212）
发现了"阿基米德原理"，第一个通过计算求出了圆周率。

毕达哥拉斯（约公元前582—约公元前497）
认为宇宙的本源是数字，为数学与天文学的发展做出了贡献。

约翰·马青（1686—1751）
发现了与圆周率相关的公式，为圆周率计算效率的提高做出了贡献。

　　可以说，正因为有这些为π而倾倒的"π爱好者"，关于π的研究才能在数学领域占据重要地位并得以发展至此。

　　圆周率为何能吸引这么多数学家的心呢？我认为，这恐怕是因为圆形是人类生活中最为重要的形状。因为车轮是圆的，汽车才能够平稳行驶，因为井盖是圆的，所以人无论从哪个角度都不会跌入井中。

在研究圆这个简单图形的过程中，我们却能够发现许多深奥的、有趣的原理。这也正是数学家研究 π 的理由。

关孝和作为一名天才数学家也不例外，他也对数学中最为重要的领域——圆周率的计算发起了挑战。

◆ 关孝和的圆周率公式

$$\pi = 正2^{16}边形的周长$$

$$+ \frac{\left(\begin{array}{c}正2^{16}边形的\\周长\end{array} - \begin{array}{c}正2^{15}边行的\\周长\end{array}\right)\left(\begin{array}{c}正2^{17}边形的\\周长\end{array} - \begin{array}{c}正2^{16}边形的\\周长\end{array}\right)}{\left(\begin{array}{c}正2^{16}边形的\\周长\end{array} - \begin{array}{c}正2^{15}边行的\\周长\end{array}\right) - \left(\begin{array}{c}正2^{17}边形的\\周长\end{array} - \begin{array}{c}正2^{16}边形的\\周长\end{array}\right)}$$

=略小于3.14159265359

※2^{15}=32768　2^{16}=65536　2^{17}=131072

关孝和通过计算正多边形的周长来求圆周率。他通过计算正32768（＝2^{15}）边形，正65536（＝2^{16}）边形，正

131072（＝2^{17}）边形的周长，将圆周率精确到了小数点后第11位。

关孝和的方法最值得肯定的一点是，他使用了一种被称作"埃特金方法"的加速法（一种在计算数值时减少计算次数的方法）来进行计算。

日本人之所以能够毫不在意地计算这么庞大的数字，其中一个原因就是他们已经习惯了大单位的数字。

《尘劫记》的初版中记载着如下的数字单位。

大数的单位为，个、十、百、千、万、亿、兆、京、垓、秭、穰、沟、涧、正、载、极、恒河沙、阿僧祇、那由他、不可思议、无量大数[1]。

而小数的单位则有，分、厘、毫、丝、忽、微、纤、沙、尘、埃、渺、漠、模糊、逡巡、须臾、瞬息、弹指、刹那、六德、虚空、清净、阿赖耶、阿摩罗、涅槃寂静。

而算盘的使用，也使得大数的计算变得很简单，这也是一个重要因素。

---

[1] "不可思议"及"无量大数"之间，应有"无量大海"与"大数"两个单位，按照"不可思议""无量大海""大数""无量大数"的顺序递增。此处应为原文讹误。（译者注）

支撑起和算发展的江户时代

仅看关孝和的成绩，就能够清楚地知道日本在当时的数学水平处于世界前列。

那么，和算究竟为何能够通过和西方数学不同的发展路径达到了如此的高度，并且孕育出了关孝和这样的天才呢？研究这个问题，恐怕就必须要考虑到江户时代百姓的生活环境。

在江户时代，各地都设有用于教育平民百姓的机构——寺子屋。寺子屋中教授的课程是礼仪、骑马、音乐、书道、射术，以及算数[1]。授课内容很全面、均衡，孩子们在当地的寺子屋上学，学习"读书、写字、计算"，同时还会学习骑马和音乐。

前文已经提到过，和算的根基是由中国传入的数学典籍，以关孝和为首的和算家们对这些典籍进行解读，将书中记录的解法改造成了日本的流派。例如"九九乘法表"，在日本是日常生活中非常便利的口诀，这原本也是从中国传来的，但一开始需要从"九九八十一"开始背起，很难记忆。

---

[1] 这六项技艺同中国传统的六艺（礼、乐、射、御、书、数）相一致。（译者注）

可实际上，只要记住了$8×9＝72$，就没必要记$9×8$$＝72$了。以此类推，最终需要记忆的只有36条口诀（2段8个，3段7个，4段6个，5段5个，6段4个，7段3个，8段2个，9段1个）。实际上，前文提及的《尘劫记》中，就为了方便孩子们记忆"九九乘法表"而将其重新进行了排列。

◆ 江户时代的九九乘法表只有36个！

当时还有另外一个口诀，那就是"九九除法表"。当时的孩子们能够熟练运用算盘、九九乘法口诀和九九除法

运算，可想而知，他们的计算能力一定非常高。

但寺子屋并非义务教育，内部也没有考试，也没有向上升学的入学考试。孩子们都是自主地前往寺子屋上学，学习和算。

江户时代的孩子们，恐怕并没有如今那种"学习"的概念，而是将上学看作是日常生活中的一种游戏，完全是出于兴趣前往寺子屋的。

寺子屋中的学生们年龄各异，有的孩子4岁，有的6岁，有的10岁。放在今天，就像是托儿所的小孩子、幼儿园的小朋友还有小学生们一起上学一样。老师会在教室内走动，手把手地教学。

当时的教育并不是千篇一律的集体教育，老师动不动就会说"现在开始考试，时间60分钟"。而是每个学生都可以按照自己的状态学习"读书、写字、计算"。

同时，江户时代的印刷技术也高度发达，这也为和算的普及做出了巨大的贡献。数学要想普及，高精度的印刷技术是不可或缺的。

日本人的双手十分灵巧，他们能够制作精细的雕版，所掌握的印刷技术甚至能够印刷极为细小的文字。同时，日本人还有一种能够将印刷转化为商业利益的才能，构建起了出版与流通之间的体系。各类书籍也因此得以销往全国。

前文已经提到，记录数学问题的《尘劫记》是比十返舍一九的《东海道中膝栗毛》以及泷泽马琴的《南总里见八犬传》更受欢迎的畅销书，我们也不能否定高超的印刷技术与发达的出版体系在其中的贡献。

代代相传的"关流"和算族谱

关孝和的和算在江户时代开花结果，发展为"关流"，门下弟子众多，并流传到了各个地方。关孝和十分欣赏的弟子，和算家建部贤弘（1664—1739）继承了他的研究，并将之发扬光大。他少时就拜关孝和为师，并迅速掌握了天元术、傍书法，接连解开了许多遗题。

关孝和在《发微算法》中整理出的术文（针对数学问题的解法）对于一般人而言十分难以理解，甚至连对傍书法的说明都没有。因此，建部于1685年出版了《发微算法》的解读书《发微算法演段解》。通过这本书，关孝和所著的《发微算法》的精髓得以被更多的人理解。

同时，建部还重新研究了关孝和计算的圆周率，得以成功逼近无穷的概念。通过分割计算圆的弧长，发现圆周率将逐渐逼近某一确定数值。

因为这一发现，相比于关孝和通过求"正131072（$=2^{17}$）边形"的周长将圆周率精确至小数点后第11位，其弟子建部贤弘通过正1024（＝2^{10}）边形将圆周率精确到了小数点后第41位。这是世界上使用英国气象学家路易斯·弗莱·理查德森发现的"理查德森加速"的无穷级数展开公式得出的第一个结果。

路易斯·弗莱·理查德森（1881—1953）
因对气象数据的数值计算的研究而闻名。

出生于日本岩手县的千叶胤秀（1775—1849）也继承了关流的数学。他作为一名算数老师，以日本东北地区为中心周游全国，教授和算，被称作"游历算家"。据说，他曾经收下3000名弟子。

就像是为了作对一般，日本山形县的会田安明（1747—1817）创立了"最上流"来与关流对抗。可追根溯源，最上流的根还是关流，也起源于关孝和的数学，这一点是不变的。也就是说"最上流"应该被称为支流。

被称为"最后的和算家"的最上流弟子，是日本宫城县白石市的高桥积胤。高桥家传有一份据说"百年之内不可开启"的高桥积胤的遗物。前一阵子，这份遗物终于被打开了，其中有着包括幻方以及"免许皆传书"在内的大量资料。

"免许皆传书"中记载，"高桥积胤能够熟练掌握相关知识，获得了真传"。落款时间是大正八年（1919

年），说明和算的涓涓细流至少流传到了大正时代。

日本美丽而残酷的自然环境是和算发展的土壤

数学的源泉究竟来自何方呢？

我们可以找出很多答案，但是总结起来，可以归结为天文学、流体力学以及军事三个方面。这三个方面是全世界共通的，此外，和算在历法、测量上也有所应用。

众所周知，关孝和设计了玉川上水[1]，并担任了江户治水总指挥。而且，他对天文学也很感兴趣。

日本的和算发展程度很高，全国各地都有和算的业余爱好者。和算不仅是为了数学的实际应用而存在，更作为一种娱乐风靡全国。这在世界史上也是非常罕见的现象。

江户时代风靡一时的和算在进入明治时代后为西方数学所取代，最终走向衰败。但正因为和算家们超群的实力，才能够畅通无阻地将西方数学也完整消化。

建部贤弘曾向第八代德川将军吉宗献上了《缀术算经》（1722）。这本书之后以《不休缀术》的名字出版，

---

[1] 江户时代承应元年（1652 年）玉川庄右卫门、玉川清右卫门两兄弟开通的引水渠。

并分配给了众多弟子，而"不休"正是建部的号。这本书
中，建部写下了这样一段话。

遵从于算数之心时我是很平和的，而不遵从时则会
感到痛苦。遵从，是因为与之相遇前便认定必有所获，而
吾心之疑虑必将得解，故而安泰平和。因安泰平和，常不
能止。因常不能止，而未尝有求而不得之时。不遵从，则
因与之相遇前不知所求之物可得不可得，故而疑虑。因疑
虑，则屈从于苦痛。因屈从于苦痛，则不得成事。

和算绝没有止于明治时代。

世界上第一个完成"类域论"的世界级数学家高木贞
治，正是学习了关孝和、建部贤弘的数学精髓，才最终发
现了类域论。我认为，关于"费马大定理"的谷山－志村
猜想与之也是一脉相承的。

历史没有假设，但如果没有明治维新，起源于关孝
和的和算也许能够超越欧洲。而和算若能够得到进一步发
展，日本的数学也许会走出一条更加不同的道路。

和算并不逊色于西方的数学，它领先于世界数学主流
的地方，上文也都已经提到过了。

高木贞治（1875—1960）
近代日本第一位世界级的数学家。
因代数整数论的研究确立了"类域论"。

　　而和算这一日本特有的数学流派得以高度发展的原因，我认为是在于日本物产之丰饶。关孝和、建部贤弘都只是普通的武士，千叶胤秀则出身于普通的农民家庭。而他们能够夜以继日地研究和算，可以说是因为有丰饶的国土可以依靠。因为他们不为生计所苦，才能将和算作为兴趣爱好来研究。

　　我最爱的松尾芭蕉看见日本的美景时，咏出"五七五"的俳句来歌颂自然。而和算家们也是一样，在日本富饶的土地上，构建起了和算这一美妙的世界。正因为身处日本，和算才能得到巨大的发展。

　　关孝和对和算的感情，今天的我们同样能够感受到。我衷心希望终有一天，和算能够在日本得到复兴。

爱因斯坦：预言了黑洞和
宇宙大爆炸的公式

$$G\mu\nu = 8\pi GT\mu$$

阿尔伯特·爱因斯坦（1879—1955）
物理学家，因量子论获得诺贝尔物理学奖。

　　我非常喜爱松尾芭蕉。芭蕉已经是300年前的古人
了，他游历日本东北、北陆等地，留下了很多诗句，还写
下了游记《奥州小道》，可谓是家喻户晓。

　　万籁寂静时，蝉声入山岩。
　　云雾罩峰巅，几度缠绵几度散，明月照青山。
　　齐集夏时雨，汹汹最上川。

　　经过了300年的岁月，他的作品依旧为人们所喜爱。
　　俳句的韵律是"五七五"，三句皆为奇数，也都是质数。一首共计17个字，这也是一个质数。

质数是除了1和自己以外，不能用别的自然数整除的自然数。芭蕉用质数的韵律将自然完美地用17个字描绘了出来。他被称作是"俳圣"的原因也正在于此。

而爱因斯坦的理论，则可以总结为"$G=T$"这短短3个字符。G是被称为爱因斯坦张量的空间转动程度的曲率，T指的是物质创造的能量、运动量的张量。

俳句有17个字，方程则有3个字符。

它们都很简短。可以说，这是一种挑战，挑战我们究竟可以用多么简短的语言来表现自然。

我为爱因斯坦着迷的理由

我第一次听说爱因斯坦是在初中的时候。我被爱因斯坦相对论的复杂难懂和简洁的表达迷倒了。

理论本身固然是十分难以理解的，但尚为初中生的我还是能够明白一件事："这个理论很酷。"同时，我心中还涌起了对爱因斯坦的尊敬和崇拜，他居然能够用公式来表达出宇宙的运转规律。

我总有一天一定能够完全理解这个理论的……

我对爱因斯坦的着迷从未停止，正是因为我对他有着强烈的崇拜，我产生了"努力去挑战令人费解的难题吧"

的想法。自那以来，爱因斯坦就成为我的偶像。

但于我而言，说起爱因斯坦时不得不提的就是《哆啦A梦》了。没错，就是那位大师——藤子·F.不二雄的知名漫画。

大家可能会觉得很奇怪，但对我来说，爱因斯坦的世界、藤子的世界、哆啦A梦的世界完全是浑然一体的。

我上了高中之后才第一次认真读《哆啦A梦》，不禁惊讶于藤子先生居然能够如此简洁地描绘出物理学的世界。

《哆啦A梦》中很巧妙地融入了爱因斯坦的理论。哆啦A梦总是会认认真真地向大雄讲解22世纪的科学研究，然后会从四次元口袋装中取出品类丰富的道具。

接下来，我将开始讲述爱因斯坦的故事，其中我也会偶尔夹杂《哆啦A梦》来帮助理解。

狭义相对论——时间的膨胀

爱因斯坦于1905年发表了"狭义相对论"，于10年后的1915年到1916年间发表了"广义相对论"。

在先发表的狭义相对论中爱因斯坦提到"光速"（真空中的光速是c＝299792458米/秒）是不变的。与之相对的是，至今为止人们认为不会改变的时间、质量、长度等并不是绝对不变的。就像橡皮筋能够伸缩一样，时间、质量、长度都是会膨胀、缩短的。

爱因斯坦这样说道：

"把手放在滚热的炉子上1分钟，感觉像过了1小时一样。坐在漂亮姑娘身边整整1小时，感觉起来不过刚过了1分钟。"

也就是说，时间是相对的。时间的长短，会因为观察者的感受而产生改变。这就是相对论的本质。

可以用下图所示的公式来表达出这一点。

v是运动中的物体——例如火箭——的速度。c代表光速。

◆ 对时间的感觉会随着观察者的不同而不同

$$T = \frac{T'}{\sqrt{1 - \left(\frac{v}{c}\right)^2}}$$

将这个公式转换为文字

⬇

火箭的速度导致火箭内部的时间和地球上的时间是不同的！

$$地球上的时间 = \frac{火箭内部的时间}{\sqrt{1 - \left(\frac{火箭的速度}{光速}\right)^2}}$$

换句话说，这个公式表达的意思是"因为火箭的运动速度，火箭中的时间和地球上的时间会产生不同"。而这一现象被称为"洛伦兹变换"。洛伦兹变换指的是狭义相对论中坐标系之间的变换系统，于1904年被荷兰的理论物理学家亨德里克·洛伦兹（1853—1928）所发现。

　　假设一个人以99%光速的速度（因为不存在比光更快的物质）乘坐火箭，飞行到了某个星球，并于10年后返回地球。在他回来时，地球上已经经过了约7倍以上的时间，当年送他远航的孩子已经老了70岁了，已经是一位老爷爷了。

　　这就是所谓的浦岛太郎[1]状态。这种情况是真的有可能发生的。本书下页的公式表达的就是这一现象。

　　同样的情况不仅出现在时间上，在长度和质量上也有可能发生。在相对论中，运动速度越接近光速，时间流逝得也就越慢。

　　质量也会变化。在相对论中，运动速度越快，质量就越

[1]　日本古代传说中的人物。浦岛太郎是一名渔夫，因救下海底龙宫中的神龟，被神龟请去龙宫做客，龙王的女儿热情款待了他。临别时，龙女赠给浦岛太郎一个宝匣，告诫称千万不可打开宝匣。浦岛太郎回家后，发现人间已经过去了数十年，自己的亲人、朋友都已逝去。太郎打开宝匣，匣中喷出白烟，使他变成了白发苍苍的老翁。（译者注）

大。虽说如此，如果以时速5千米的速度慢跑10千米，质量也只不过会增加大约一百亿分之一克，不会为人所察觉。而当速度越发接近光速时，质量的改变也就会越发显著。

◆ 从宇宙旅行回来就会进入浦岛太郎状态？

$$地球上过了70年 = \frac{火箭上了10年}{\sqrt{1-\left(\dfrac{火箭的速度}{光速}\right)^2}}$$

※火箭速度=99%的光速

火箭的速度越接近光速，时间流逝得就越慢！

而长度则是会变短。

顺带一提，洛伦兹变换在《哆啦A梦》中也出现过。

大雄："但是呀，为什么只有那个飞行员没有变老呢？"

小夫："物体的运动速度越接近光速，时间就会流逝得越慢。这是相对论。"

（大雄一脸茫然）

小夫："也就是说，火箭里的时间流逝得慢一些。"

大雄："你骗人……"

小夫："你疑心可真重。这可是一个叫爱因斯坦的伟大学者说的。"

[日]藤子·F.不二雄著《龙宫城的八天》

最令我惊讶的是，小夫居然知道高速飞行的火箭中的时间很缓慢这件事。

让我来解释一下小夫的话。其实，想要证明这个理论，需要用到"毕达哥拉斯定理[1]"。

◆ 毕达哥拉斯定理（勾股定理）

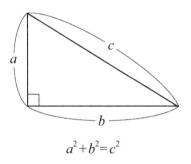

$$a^2 + b^2 = c^2$$

----

[1] 我国一般习惯称之为勾股定理。（译者注）

请看下一页中的图。假设火箭的高度为$c/2$，那么光在火箭中从下到上传递、触及顶端墙壁之后再回到底端，需要移动的距离就是$c/2$的两倍，也就是c（因为光速是c，所以特意将火箭高度设为$c/2$）。

这也就意味着，在火箭没有运动时，光做一次往返运动所需的时间是（移动的距离c）÷（光速c），也就是1秒。

那么，接下来假设火箭正处于运动状态。

火箭做横向运动，光继续做自下而上、自上而下的运动。假设火箭的速度为v，运动时间为t秒，火箭移动的距离就是"速度×时间"，为vt。同时，光移动的距离为速度c×t秒，也就是ct。

最重要的是接下来的一点，为了让光的运动轨迹更加便于理解，将光触及顶端返回开始、到返回底端为止的轨迹向上翻折，就成为一个直角三角形的斜边。

接下来，我们运用毕达哥拉斯定理。ct（光移动的距离）的平方是vt（火箭移动的距离）的平方与c的平方之和。将这个算式整理一下，可以得出下一页的图。

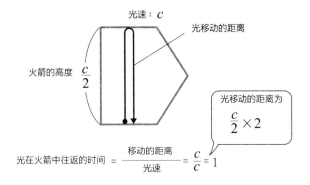

◆ 光在"停止的火箭"内往返所需的时间

光速：c

光移动的距离

火箭的高度 $\dfrac{c}{2}$

光移动的距离为
$$\dfrac{c}{2} \times 2$$

光在火箭中往返的时间 $=$ $\dfrac{\text{移动的距离}}{\text{光速}}$ $= \dfrac{c}{c} = 1$

在火箭内部光只需要1单位的时间就可以往返一次！

　　归纳一下可以得出结论，爱因斯坦认为："如果光速是绝对不变的，那么时间、质量、长度就不再是不变的。"准确地说，从静止坐标系观察的运动坐标系中的时间、质量、长度都不是一定的，而可能会膨胀或收缩。这也是"相对"一词的来源。

　　由此，爱因斯坦推导出了那个著名的公式"$E = mc^2$"。本书中不会讲述这一公式的证明过程，简单而言 E 代表能量，m 是质量，c 是光速。这就意味着物体即便静止，也是带有能量的。

若火箭内的时间为1
地球上的人观测到的光往返一次所用的时间

时间：t

火箭的速度：v

光速：c（从地面上观测时也不变）

🢂 火箭移动的距离：vt

━● 光移动的距离：ct

ct

$\dfrac{c}{2}$

vt

毕达哥拉斯定理

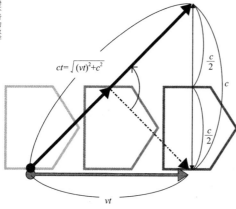

$ct=\sqrt{(vt)^2+c^2}$

$\dfrac{c}{2}$

c

$\dfrac{c}{2}$

vt

$ct=\sqrt{(vt)^2+c^2}$

$(ct)^2=(vt)^2+c^2$

$t^2(c^2-v^2)=c^2$

$t^2=\dfrac{c^2}{c^2-v^2}=\dfrac{1}{1-\frac{v^2}{c^2}}$

$t^2=\dfrac{1}{1-\left(\frac{v}{c}\right)^2}$

洛伦兹变换的公式

$t=\dfrac{1}{\sqrt{1-\left(\frac{v}{c}\right)^2}}$

这一公式也成为原子弹能被制造出来的起因。原子弹的材料是铀和钚，即便消耗其中连1%都不到的量，就足以引发广岛、长崎的悲剧。因为光速极大，高达约每秒30万千米。

广义相对论——重力与万有引力阐明

爱因斯坦在发表狭义相对论之后，又着手研究另外一个难题——重力。牛顿已经发现了万有引力定律（跟距离的二次方成反比，跟质量乘积成正比的力），迈出了重力研究上的重要一步。

然而，为何重力是一种引力，牛顿也没能弄明白这一点。爱因斯坦想搞清楚的就是这一点。之后，他在狭义相对论发表10年后的1915年到1916年发表了广义相对论。

简而言之，广义相对论证明"物体周围的时空会发生扭曲"。由此可以预测出宇宙是正在膨胀的，宇宙中存在着黑洞（因具有强大的重力连光都无法逸出的天体，由大质量恒星经过超新星爆发之后生成）。将这一理论表达出来的是如下所示的爱因斯坦场方程。$G_{\mu\nu}$为度规，$T_{\mu\nu}$为能量－运动量张量（G为牛顿的万有引力常量）。

$$G_{\mu\nu}=8\pi GT_{\mu\nu}$$

当时，人们普遍认为在宇宙中所有的物质都消灭之后，时间和空间依旧会存在。但爱因斯坦却认为，在物质消灭之后，时间和空间也会消失，"物质与时间、空间之间存在着不可分割的联系"。公式左侧表现的是空间的扭曲，右侧则是物质的存在。

爱因斯坦场方程中也包含了时间。爱因斯坦还依据广义相对论表达出了宇宙的进化。也就是说，"黑洞""宇宙大爆炸"（宇宙诞生时发生的大爆炸）的存在也是由爱因斯坦方程预测出来的。它真可谓是揭开了宇宙以及宇宙进化奥秘的方程。

用相对论证明了黑洞的存在

在这里，有请哆啦A梦再次登场。

假设这里有一张方形的布，正面代表宇宙（四维时空连续体）。如果布上没有放置物体，那么四个人分别拉扯布的四个角，可以将布拉扯至完全的平面状态。

这种情况下，试着在布的中心放置一个物品——例如铜锣烧[1]。如此一来，布的中心就会向下凹陷。如果将哆

---

[1] 漫画《哆啦A梦》中，哆啦A梦最爱吃的一种点心。（译者注）

啦A梦放置在布的边角，它就会向布的中心滚去。根据爱因斯坦的说明，这就是万有引力。

爱因斯坦的观点是："物体之间相互吸引，是因为物体周围的时空发生了扭曲，导致另一个物体沿着曲面滑落。"

物体的存在会导致周围时空的扭曲，这就是重力（万有引力）。在我看来，这就像是爱吃铜锣烧的哆啦A梦情不自禁地被铜锣烧所吸引一样。

那么，如果物体变得越来越重的话，会发生什么呢？布会愈加凹陷下去，最终成为黑洞。爱因斯坦通过相对论，揭示了黑洞的存在。

但是，爱因斯坦为了将这一理论表达为上文所示的公式，却费了好大一番功夫。

"在我过去的人生中，从未如此认真地为工作付出大量心血。我对于数学有了崇高的敬意。数学中最为精妙的部分，我过去一直将其视作单纯而奢侈的游戏。与这个问题相比，最初的相对论不过是孩子的游戏罢了。"爱因斯坦这样说道。

在日常生活中也可以运用

爱因斯坦对"以光速运动的世界看起来是什么样"产生了好奇，由此发现了"狭义相对论"，对"存在重力的宇宙"产生了思考，由此发现了"广义相对论"。

当时，大家都认为相对论是与现实脱节的。

而现在，相对论已经在我们身边的方方面面发挥着作用。例如汽车导航系统，这是一种利用GPS可以确定汽车在地球上的准确位置的便利系统。而GPS中也有着狭义相对论与广义相对论的活跃身影。

地球周边围绕着许多人造卫星。其中有一些GPS卫星正在时刻向地球发送信号。人造卫星绕地球旋转的速度是每秒3.88千米。这样一来，时间就会产生偏差。

为了计算出这一偏差，就需要用到相对论。相对于地面做高速旋转运动的人造卫星，会产生所谓的"浦岛效果"，卫星上的时间会比地上更慢。

首先，按照狭义相对论，人造卫星上的时间相比于地球，只慢了一万亿分之八十三。其次，人造卫星会受到地球重力的作用，因此也必须要考虑到广义相对论的影响。因此，人造卫星上的时间相对于地面上要快一万亿分之五百二十八。两相比较，可以得出人造卫星上的原子钟比地面上的原子钟要快一万亿分之四百四十五。

虽然误差看起来并不大，但是如果无视这一误差的话会发生什么呢？一天有86400秒，它的一万亿分之四百四十五，就是一万分之零点三八五秒。换算成距离的话，一万分之一秒内光可以运动大约30千米，那么定位系

人造卫星绕地运动的速度：3.88km/秒

人造卫星的时间比地球上更加……

依据狭义相对论	依据广义相对论
要慢上 $\dfrac{83}{1,000,000,000,000}$ 倍	要快上 $\dfrac{528}{1,000,000,000,000}$ 倍

合并一下为

$$\frac{528-83}{1,000,000,000,000} = \frac{445}{1,000,000,000,000}$$

比地面上要快 $\dfrac{445}{1,000,000,000,000}$ 倍

如果无视这一误差……

1天（86,400s）的误差为

$$86,400(s) \times \frac{445}{1,000,000,000,000} = \frac{0.385}{10,000}(s)$$

$$\frac{0.385}{10,000}(s) \times 光速\ 300,000(km/s) ≒ 11.5(km)$$

在导航上就会产生高达11.5km的误差！

虽然人造卫星的速度远远低于光速，但其中的误差仍不可忽视！

爱因斯坦：预言了黑洞和宇宙大爆炸的公式　Part 4

统最终显示出的位置将会和实际所处位置产生大约11.5千米的错位。这样的误差，在地面上是绝对无法忽视的。

因此，汽车导航系统会预先计算好这一误差，之后才会显示出正确的位置信息。

为何因为获得诺贝尔奖而失落？

在这里，我想讲讲关于爱因斯坦相对论的证明故事。1905年到1916年间创立的相对论，对其精确度进行验证的实验直到今天仍在持续着。

1919年英国天文学家亚瑟·爱丁顿（1882—1944）在日全食的实验中发现星星的光芒在太阳附近发生了弯曲。由此，广义相对论的正确性终于获得了承认。爱因斯坦听说后非常高兴。

1921年，爱因斯坦获得了诺贝尔物理学奖。但这个奖并不是授予相对论的，而是颁发给1905年发表的量子论（光并不是波而是粒子的理论）。爱因斯坦当时正在驶向日本的船上，听闻这一消息，他非常失望。由此也能够看出，相对论在他心中究竟有多么重要。

如今，激光测距实验在测量太阳与地球之间的距离时，可以将误差控制在1厘米之内，精度是1919年实验的10亿倍以上，爱因斯坦的理论得到了验证。

此外，爱因斯坦还有一个预测，那就是"引力透镜"。所谓引力透镜，就是随着光的扭曲，同一物体出现多重成像效应的现象。就像是爱丁顿实验中的太阳与星星一样，光发生了弯曲，使得物体看起来像是出现在了本不应存在的地点。因为物体实际上并不存在于那一点，因此就像是处于鬼魂状态一般。

引力透镜会因为光经过了不同的轨迹，而呈现弧形，或是产生多重成像。其中的环形光线，被称作"爱因斯坦环"。

1982年，脉冲双星减少的能量，与广义相对论所预测的理论数值之间的误差仅在5%以内。

随着高精密度的观测设备的发展，相对论为在高精度下验证我们所处的宇宙，做出了极大的贡献。

爱因斯坦创立了如今仍旧不断被印证的、完成度极高的理论，这是一个时间与空间的"统一"理论。爱因斯坦的"统一"的梦想，是无穷也无尽的。

与爱因斯坦"相对论"相并列的、被称作20世纪最大发现的是"量子力学"。相对论和量子力学是物理学的两大支柱，但这两大理论却如同水与油一般无法相容。物理学家们的梦想，就是能够发现一个能将这两种理论归纳总结、能够诠释宇宙万物的"终极理论"。

这种理论被称为"统一理论"。我们现在已经确认，宇宙中存在着引力（具有质量的物质之间相互作用的力）、电磁力（电力与磁力统一起来的力）、弱相互作用力与强相互作用力（原子核内部的作用力）这四种不同的力。在宇宙诞生时，这些全都是同一种力，随着时间的流逝慢慢分化为四种力。

20世纪70年代，电磁力和弱相互作用力被统一了，统称为弱电统一理论，又名"规范理论"。之后，弱电相互作用又和强相互作用统一起来，被称为大统一理论，人们现在正在进行研究，希望能够发现将引力涵盖在内的超大统一理论。

所谓的"超弦理论"认为："所有物质的基本单元，并不是点状粒子，而是线状的。"这被人们认为很有可能成为最终的统一理论。

爱因斯坦的晚年，直到去世之前，他一直专注于进行复杂的计算，希望能够将引力和电磁力统一起来。虽然他最终还是失败了，但他提出了一个问题，那就是我们能够为看起来并不相同的物质找到一个看起来相同的角度吗？

直到今天，在物理学家们心中，也有着这样一个连爱因斯坦也无法实现的"统一"的梦想。

爱因斯坦教会我的事

最后，我想讲讲关于爱因斯坦本人的故事。

在发表相对论的时候，爱因斯坦还是瑞士专利局的一名员工。他并非物理学家，也不是数学家，只是专利局的一名工作人员。

"我很骄傲的一点是，我有着大把大把的空闲时间。"

爱因斯坦这样说道。正是因为身处这样的环境，才能够自由地发散思考，最终发现狭义相对论。

当时，爱因斯坦一家住在德国的伯尔尼[1]，和妻子、孩子们过着幸福的生活。如今，世界各地的人们因为仰慕爱因斯坦而纷纷造访此地。这是一个非常美丽的城市，爱因斯坦自己也曾经回忆道："我在伯尔尼度过了非常美好的日子，那些日子是我最为幸福、成果最为丰硕的时光。"

我手头有一张照片，是数学物理学家保江邦夫教授送给我的。那是一张伯尔尼钟塔的照片。爱因斯坦每天去专利局上班的时候，都会看到这座钟塔。沐浴在阳光下的钟塔……那是一幅光与时间构成的完美图画。这正是他在伯

---

[1] 伯尔尼属于瑞士，为瑞士联邦的政府所在地，并不属于德国。此处应为原文讹误。（译者注）

尔尼时的研究内容。

爱因斯坦究竟思考了什么、看到了什么、怀着怎样的思绪，在26岁时就发现了改变世界的狭义相对论呢……

多少年以来，我都很想搞明白这一点，看到这张相片，我终于懂了。

"想象力比知识更重要。因为知识是有限的，而想象力概括着世界上的一切。"

爱因斯坦曾经反复提到这句话。

他还说过这么一句话："我们什么都不知道。我们所了解的知识和小学生没有什么两样。"

在回顾爱因斯坦的一生时，我最为尊崇的，是他美妙的理论和高尚的人格。爱因斯坦教会我的，是要去珍惜人类所拥有的"想象力"。爱因斯坦仿佛正在对我说："正因为有着想象力的翅膀，人类才能抵达去不了的地方，看见看不见的东西。而我们每个人都有着这双翅膀。展翅高飞吧！"

大雄在学校考试的时候虽然总是得零分，但只有知识而缺乏想象力的话，知识对于我们而言也是毫无意义的。不要被陈旧的常识与约定俗成所束缚，自由地挥动想象力的翅膀才是最重要的。爱因斯坦自己也证明了这一点。

爱因斯坦也曾说过这样一句话：

"对于科学家而言，所谓的酬劳是亨利·庞加莱所言的

'理解带来的快乐'，而并不是发现被应用的可能性。"

亨利·庞加莱（1854—1912）
在数学、数学物理学、天文力学等领域做出了卓越的贡献，被称为"最后一位全能数学大师"。

　　我在上初中的时候，一直希望自己能够更加地理解爱因斯坦的理论。等到我终于可以计算出理论中的规则时，我感到了一种喜悦。那就是我感受到"理解带来的快乐"的时刻。

　　通过物理学，看到了数学这门语言的冰山一角。我开始感受到，数学确实是一场旅行。我想去看更多未见的风景。想知道自己能看到什么样的风景，想实际去看一看。踏上计算的旅程之后，能够听到旅人才能听到的旋律、嗅到旅人才能闻到的芳香。这场旅行是没有目的地的。享受旅行本身才是最大的意义。

　　就像爱因斯坦说的那样，"科学本身就是一种喜悦"。将科学运用到实际中去是另外一回事。学习科学、数学、物理学——教会我享受其中乐趣的，正是爱因斯坦。

　　爱因斯坦继续说：

　　"这个世界最难以理解的部分，就是去理解这个世界。"

"好奇心之所以存在，是有其理由的。永恒、人生、切实存在的神奇构造等神秘的存在，如果仔细去思考的话，一定会不由自主地产生敬畏。我们只要能够每天都多了解一些世间的神秘就足够了。"

确实，我们生活在这个宇宙中。在我们意识到的时候，就已经存在着了。我们存在于这个宇宙——这件事本身就已经足够神秘，这是科学教会我的。

人类如今还未掌握能够解释宇宙起源的方程。即便如此，我们也在朝着这一梦想前进，不断打开一扇又一扇神秘的大门，实现爱因斯坦未竟梦想的时刻终会到来！

玻尔、仁科芳雄：为不可思议的
量子力学做出杰出贡献

猫变成了僵尸？

尼尔斯·玻尔（1885—1962）
发展了量子理论、量子力学，曾获诺贝尔
物理学奖。

仁科芳雄（1890—1951）
日本物理学家。在日本开创了量子力学的研究
根据地，为普及量子力学做出了贡献。

让我们来做一个思想实验。

有一只猫沉沉地睡在巨大的玻璃箱中。箱中有一个灌满了毒气的瓶子。瓶子上有盖，但如果猫不小心将瓶子打翻了，瓶盖就会松开落下。毒气一旦泄漏，凡是有生命的物体都会死。

107

接下来，在玻璃箱上罩上一块巨大的黑布，使得外界无法看见箱内的情形。六小时后再取下黑布。

那么，请回答问题。在这六个小时内，猫究竟是活着呢，还是已经死了？

猫究竟会不会不小心将灌有毒气的瓶子碰倒呢？还是说，它会一直香甜地睡着，活到最后呢？你的回答是哪一种呢？

我仿佛听到有读者回答："这我怎么可能知道啊！"

那么，我再增加一个条件。

假设六个小时后，将黑布取下时，猫很遗憾地已经死了。那么当出现这种结果（取下黑布）之前的六小时内，猫究竟是活着呢？还是已经死了呢？

恐怕，大家会回答"应该是在什么时候把毒气瓶碰倒死掉了"吧。这是一般人的想法。

但令人惊讶的是，有一些人却反驳称："这种说法不正确。"这些人是研究量子力学的科学家。他们对于这一问题，做出了回答："猫是否死了，是在取下黑布、观察箱内情况时才能明白的事情。在那之前，一切都是概率问题。猫同时处于活着的状态和死掉的状态。"

大胆而言，他们认为"猫在被观察之前处于僵尸状态"。

　　所谓的异想天开说的正是他们。在观察的时候猫已经死了，说明它是在六个小时之内的某个时间点死掉的。反过来说，如果没有观察，那么猫就会同时处于活着的状态和死掉的状态并一直持续下去。

　　正常人恐怕都会惊呼："这怎么可能！"实际上确实也有人这么反驳过。这个人就是爱因斯坦。他说："上帝不会掷骰子。"他认为即便不去观察猫的状态，也定然会存在划分猫生与死状态的某个时间点。

猫在被观察之前处于僵尸状态

猫活着

同时处于活着的状态和死掉的状态

这个思想实验是由埃尔温·薛定谔提出的，被称作"薛定谔的猫"。20世纪30年代之后，物理学领域发生过一次巨大的争论。站在争论风口浪尖上的，是爱因斯坦以及创立了量子力学这一全新物理学领域的尼尔斯·玻尔。他们二人间发生了多次激烈争论，直到今天，两人间的争论仍然没有结果。

但量子力学却在现实生活中发挥了极大的作用。把猫变成僵尸的量子力学理论在某种意义上确实是正确的。研究宇宙的宇宙学也能够利用量子力学解释许多现象。

量子力学确实是非常不可思议的，但也确实是正确的。当今的物理学界，并存着爱因斯坦相对论与玻尔的量子力学两大势如水火的理论，这两种理论作为物理学的两大支柱，支配着物理理论研究。

但这两个理论却像是油和水一样互不相容。就算退一百步来讲也是无法融合起来的。我们需要一个全新的理论来将二者结合起来，但至今为止尚未得出结论。这两大理论的完成度就是如此之高。

接下来，我将介绍"量子力学之父"物理学家玻尔，以及他最器重的日本科学家。这两位虽然不如爱因斯坦那么有名，但毫无疑问，他们二人的研究为当今的物理学撑起了一片天。

异想天开的"哥本哈根诠释"

尼尔斯·玻尔这位天才于1885年出生在丹麦。

他大学时的专业是物理学。在校学习时，被某位年长学者的假说所吸引。那就是德国物理学家马克斯·普朗克于1900年提出的"量子假说"。

马克斯·普朗克（1858—1947）
量子论的创始人。物理学中基本常数之一的普朗克常数就是以他的名字命名的。

"量子"是物理量的最小单位。简单说来就是比原子更小的物质，电子就是其中一种。普朗克主张，应当把量子"与其他物质区分开来考虑"。这是因为，在量子的世界里"物质"与"状态"之间是无法分辨出来的。

例如说，在海边我们能看到海浪拍岸，海浪这种状态是由水这种物质构成的。但在原子内，没有比原子更大的物质，在没有类似水的物质（粒子性）的情况下，却能够出现类似海浪的状态（波动性）。这种既具有粒子性、又具有波动性的物质被称作"量子"。

量子的最大特征，是它会有着同大于原子的物质相异的"举动"。在这个极为微小的世界里进行研究，让玻尔预感到，一条新的物理学道路即将开启。

1921年，玻尔在哥本哈根设立了理论物理学研究所，号召"请想挑战未知的年轻人们来哥本哈根"。

在响应号召的年轻人当中，就有日本物理学家仁科芳雄的身影。他培育出了日后的诺贝尔奖得主汤川秀树与朝永振一郎。汤川和朝永所研究的，正是仁科带回日本、倾力宣传的量子力学。

汤川秀树（1907—1981）
因为预言了介子的存在而获得日本第一个诺贝尔物理学奖。

朝永振一郎（1906—1979）
因量子电动力学方面的成就获得了诺贝尔物理学奖。是汤川的好对手。

玻尔于20世纪20年代开始在哥本哈根研究新的物理学。遗憾的是，当时的技术水平并不足以观察到原子的内部。简单来说，即便有理论支撑，也无法进行实验或是测量。

于是玻尔先对量子的世界做出了如下解释，之后便进入了理论研究的阶段。但这段解释却异于常理，引发了激烈的讨论。

哥本哈根诠释：当我眺望月亮，确认月亮确实悬于天上，月亮才是真实存在的。

这句话听起来像是什么哲学或是宗教的表达，但这确实是科学。

玻尔等人认为，量子的世界在被观察到为止，是处于多个相互叠加的状态中的，就像上文提到的猫一样。

反过来说，同时具有粒子性和波动性的量子只有在被观测时它的状态才能确定，在那之前究竟处于何种状态只能用概率来表示。

量子是构筑起原子的物质，可以说是它支撑起了世间万物。如此一来，月亮和猫也是在被观测到的瞬间才会被确定下来，才是存在的。这是玻尔等人的主张。

当然，这一诠释在物理学界引起了轩然大波，最终被人们称作"观测问题"。大家各抒己见，畅所欲言，一发而不可收。

创造了"存在"的"函数"ψ

这时，出现了一位天才，一举打破了僵局。他就是埃尔温·薛定谔。他虽然不认同玻尔等人这种概率论式的思维方式，但却发现了量子力学上新的可能性，并于1926年发表了"薛定谔方程"。

这实在是一个极为不可思议，又极为优美的公式。

$$i\hbar\frac{\partial\psi}{\partial t} = H\psi$$

i是虚数单位，$\hbar$是普朗克常数除以2π得出的常量，$\frac{\partial\psi}{\partial t}$是用时间$t$进行偏微分（在空间及时间的函数中只对时间进行微分）计算后得出的值，H是表示系统总能量的"哈密顿量"的算符。

依据这个方程，我们可以细致地对氢原子核周围电子的运动进行说明。不仅如此，不依赖于时间的薛定谔方程可以表达为以下的方程式。

$$H\psi = E\psi$$

"E"表示的是，在哈密顿量"H"的固有值下观测得到的能量值。

这个简洁的公式，为我们揭开了宇宙神秘的面纱。

归根结底，这个方程虽然优美，但想要真正理解它却是非常危险的。如果想要认认真真地解答这个问题，恐怕两三年的时间都会转瞬即逝。现在，我们只需要了解到这个方程里有"ψ"就足够了。

我非常喜欢这个ψ，习惯把它叫作"ψ同学"。那么，ψ同学究竟是谁呢？它正是创造了"存在"的函数。想要解释量子力学，最好还是简单介绍一下ψ同学。那就先把玻尔放在一旁，让我来为大家讲一讲ψ同学的故事。

　　首先，需要简单介绍一下ψ同学的情况。请看下图。

　　请大家注意，ψ同学没有姓氏。因为它没有父母，也就没有可以继承的姓氏。总而言之，它就是"创造存在"的存在，因此也不可能有比它还早出现的所谓"父母"了。

　　接下来，请大家注意它的职业。ψ同学从事建筑行业的相关工作。它所建设的事物是"存在"。我能够存在，你能够存在，都是多亏了ψ同学。

◆ ψ同学的个人简介

姓名：ψ（没有姓氏）

籍贯：量子力学

住址：波动方程

性别：复素数

种族：波

职业：建筑业

特长：叠加、微观手工

性格：害羞、怕寂寞

习惯：抖腿

它的特长是叠加，能够将复数可能性完美叠加起来。

它的性格很怕寂寞，非常害羞，但自我表现欲又很强，希望获得关注，总是想要跟别人搭话。

它还有一个坏习惯，总是喜欢抖腿。

"ψ同学"究竟发挥着什么作用呢？

让我来介绍一下ψ同学的其中一项工作。比如说，你现在捧在手中的这本书，实际上就是由ψ同学制作的。你看到的这一页，也是刚刚由ψ同学制作的。在你将这一页翻过的瞬间，ψ同学会将下一页制作出来。

这本书从物质层面来讲，是由印刷厂制作的。但书的"存在"，却是在你看到它的瞬间，ψ同学以迅雷不及掩耳之势制作出来的。

请你回想一下方才提及的关于猫的思想实验。从量子力学的角度考虑，就是有50%概率活着的猫，和有50%概率死掉的猫相互叠加的状态。这就是ψ同学的特长，叠加。

然而猫一旦被观测，它的状态就会确定为其中之一。ψ同学是非常怕生、害羞的，总是会立刻躲起来。这些情况可以归纳为下页所示的公式。

測定前

$$\{\Psi(生) + \Psi(死)\} \times \Psi(\bigcirc) = \Psi(生) \times \Psi(\bigcirc) + \Psi(死) \times \Psi(\bigcirc)$$

↓

观测

↓

測定后

$$\Psi(生) \times \Psi(生) + \Psi(死) \times \Psi(死)$$

会确定为其中一种情况

活着的ψ同学和死掉的ψ同学，在加法运算中是同时存在的。在观测时，会确定为其中一种情况。这种现象被称作"波束塌缩"。量子力学认为，在观测时一定会发生波束的塌缩。

为什么ψ同学在被观测时，一定会确定为五五开的概率之中的某一种可能性呢？

归根究底，为何ψ同学在被人观测的时候，会采取这样的行动呢？如果它害怕寂寞的话，在被人关注时难道不应该是兴高采烈地去工作吗？

——事情似乎并没有这么简单。

从波动方程公布之日起，关于ψ的争论就从来没有停止过。"ψ究竟是什么？"许多学者为此争辩得口沫横飞，并且进行了反复的思考，迄今这个问题也没有得到解答。

量子力学是尚未完成的学说，是现在进行时的学说。但诚如我方才所说的那样，量子力学的理论在现实世界中，能够发挥巨大的作用。

爱因斯坦对此断然否定

会聚于哥本哈根的量子力学研究者们以玻尔为中心，脚踏实地地搭建起了理论基础。但爱因斯坦却对量子力学保持着坚决否定的态度。他认为"上帝不会掷骰子""哥本哈根诠释是不可理喻的"。

"宇宙不是由概率组成的，宇宙的真实性是与我无关、独立存在的。"爱因斯坦是如此强烈地向玻尔抗议的。

双方的观念自始至终都保持着平行状态。因为无法进行实验，因此也无法验证究竟哪一方才是正确的。爱因斯坦直到去世都坚持自己的想法。这恐怕就是他认识世界的观点吧。

在这里，我想再讲一个关于爱因斯坦自然观的故事。这是他与亚洲第一位诺贝尔文学奖获得者、印度诗人、思想家拉宾德拉纳特·泰戈尔（1861—1941）之间的对话。

爱因斯坦：即便是在日常生活中，也存在着许多独立于我们的事物。它们真实存在于我们的精神之外，与我们毫无关联地存在着。即便这间房子中空无一人，这些桌子、椅子也仍旧存在于这里。

泰戈尔：确实如此。桌子存在于个人的精神之外，却并非存在于所有人的精神之外。桌子因为我们共同的意识而被认知。桌子看起来是客观的，科学能够证明这不过是一种现象。也就是说，人们看作是桌子的事物，如果人类的意识不存在，它也就不存在了。

[日]ＮＨＫ爱因斯坦·计划著《ＮＨＫ爱因斯坦浪漫3》

大家怎么看呢？爱因斯坦所认为的"不可理喻"，我一开始也是赞同的。许多学习物理学的学生在一开始接触到爱因斯坦与玻尔的争论时，通常也都会赞同爱因斯坦的说法。

但随着学习的逐渐深入，我们会开始认为"看来还是玻尔说的是正确的"，"确实是啊。毕竟现在量子力学还成功地让电子技术发展得这么高超了"……

经过了漫长的岁月，目前来看在这场世纪级的大讨论中爱因斯坦并不占优势。但讨论的目的并不是要分出个胜负高下。讨论的本身，就已经充满着物理学的"美妙知识"。

爱因斯坦是完全掌握了量子力学的。玻尔也是完全理解了相对论的。他们二人分别对彼此提出了最本质的问题。他们的观点虽然是对立的，但他们二人却并不是敌对的。他们都深深地爱着物理学这门科学。

预言了未来的"EPR悖论"

再为大家介绍爱因斯坦向玻尔提出的另一个难题吧。爱因斯坦的质疑触及了问题的本质，同时也对未来世界的走向做出了预言。

这个难题就是"EPR悖论"，由提出者爱因斯坦、波多尔斯基、罗森名字的首字母组成。

简而言之，它是一个批判。批判"信息的传输不可能超越光速，实现类似心电感应一样的瞬间传输"。

依据量子力学的理论，当一束光分为两束射出时，只要观测其中一束，另外一束光的状态也会被确定。

如果能利用信息技术在这束光中搭载信息，我们就能够实现从A地瞬间传送信息到B地，只需要一瞬。更准确地说，是同时。量子力学认为，在这种情况下信息传递的速度会远远高于光纤，并且能够瞬间传递大容量的数据。

爱因斯坦指出："用超越光速的速度传递信息是不可能的。心电感应真的存在吗？是不可能存在的。量子力学是不完备的理论。"

爱因斯坦恳切地将自己的想法倾诉给玻尔。而玻尔也真诚地接受了他的意见。玻尔恐怕正是在同爱因斯坦交换意见的过程中，对量子力学进行了更加深入的思考，推动了量子力学的发展。

然而，"EPR悖论"也是无法进行实验的，两人之间的意见隔阂并没有消失。玻尔只能辩称"就是会这样"，爱因斯坦则主张"不，不可能会这样"。

而在这场论争过去70多年后的现在，事情终于有了定论。随着技术的进步，实验终于可以实行了。

1993年：IBM的C.H.班尼特提出了量子隐形传态的原理。

1997年：安东·蔡林格等人做出了证明。终于成功实现了光子的瞬间移动。

开始开发量子隐形传态技术。

爱因斯坦曾经认为"不可能实现"的事情，已经被实验证明了。时代逐渐走在了科幻作品的前面。

因为量子隐形传态的成功，量子力学进入了新的阶段。日本的电机制造商已经成功地在实验中将光量子瞬间传送了100千米的距离（实际上并不是在距离100千米的两地间进行实验，而是在实验室内将光纤缠绕了约100千米来进行实验的）。

在遥远的未来，我们也许可以同步地与遥距数十万光年的行星通电话呢。

我们还可以把这个光子换作"ψ"，用我的话来说就是"ψ同学，成功实现瞬间移动！"

如果瞬间传送所有创造"存在"的ψ同学的话，会发生什么呢？这样一来，我们恐怕就能够实现像电影《星际迷航》中那样的物质瞬间传送了。

但请各位不要误会。物质的瞬间传送在目前尚未取得成功。不过在理论上它是有可能实现的。初期的量子隐形传态实验已经取得了成功，至少我们现在在谈论它的时候，不用再把它当作是"SF"（Science fiction，科学幻想），而可以将其看作是真实存在的"科学"。

创造绝对无法被偷走的货币

量子力学应用最广泛的领域，是信息技术领域。从这一层意义上而言，第一位指出这一点的爱因斯坦是极为伟大的。同时，接受了爱因斯坦意见、并加以深入研究的玻尔也是非常伟大的。

诞生于20世纪初的量子论孕育出了量子力学，最终在20世纪即将结束的时候，产生了量子隐形传态这一梦幻般的技术。

以后终将出现"量子计算机"这种新型计算机吧。科学家们目前已经证明了在量子隐形传态中能够创造出计算回路。

即便是全日本最快的超级计算机"京"都要花上1000万年才能解开的300位素因数分解，运用量子计算机只需要几十秒就可以解决。这样一来，信息技术在眼下所面临的诸多问题都能够得到解决。

例如，电脑CPU的电量消耗能够得到大幅度的缩减。如今，有一些家用的电脑CPU耗电量甚至高达数百瓦。大量电子在微型芯片中川流不息，并产生大量热能，因此CPU不得不配备大型的制冷设备。

超级计算机的发热问题也越来越严峻，大多数维修费用都花在了给计算机制冷用的液氮上。而一旦量子计算机出现，电子基本上就没有必要继续在导线中穿梭了，也就不会散发热量。

此外，安全技术也会得到提高。在两个对象间进行量子隐形传态时，从理论上讲是不可能有第三方窃取情报的。因为量子隐形传态的信息是"不会经过空间的"，也不可能从分光装置中抽取信息，这在理论上就不可能。

距离这一天的到来也许还有一段时间，不过利用量子隐形传态技术的量子网络时代终将来临。像是预感到了量子网络时代的来临，瑞士正在大举开展量子密码技术的研究，我认为这是为了发明量子货币。如果能够发明一种绝对无法窃取的货币，不仅会比纸币更安全，还能够在全世界自由地进行交易。量子货币发明后，瑞士恐怕会成为世界金融强国吧。

量子隐形传态创造的社会

量子隐形传态技术会引发社会形态的剧烈变化。今后，这项技术也将会不断发展，不断被应用于实际中。自从2003年"量子信息通信技术开发路线图"公布以来，量子隐形传态就正式进入了实用化阶段。

2004～2010年：绝对无法窃听的量子密码投入实用阶段（外交、军事）。开发单一光子发生器、单一光子检出器，在数学上证明量子密码的安全性。

2010年：量子通信的原型得到实现。运用量子状态传送技术、量子错误修订技术，开发超低损耗光纤。

2015年：实现可限定的量子通信。卫星间光链，量子隐形传态的分子级远程操作。

2020年：量子计算机出现。开发量子内存、量子处理器。

2050年：实现量子网络。量子交换、量子中继器开发。

2100年：量子计算机完成。实现真正的人工智能。

（整理自日本总务省"关于具有量子力学效果的信息通信技术的应用及其未来展望的研究会报告书"）

这里提到的"真正的人工智能"指的是几乎无法同人类区分开来的智慧生命体。我非常喜爱的哆啦A梦生于2112年9月3日。哆啦A梦能够按计划出生的可能性越来越大了。量子计算机的出色性能可能会将这一天变为现实。

在21××年，物质的瞬间传送很有可能会成功。如今已经有科学家在开展如何传送单个原子的项目。玻尔创立的量子力学，实际上是一门能够为21世纪和22世纪的世界带来巨大改变的学问。

"没有感受到量子论带来的冲击，证明你还没有真正地理解量子论。"

玻尔如是说道。

参与了玻尔研究的日本科学家

本章的最后，我还想要再介绍一位日本科学家。

他的名字叫作仁科芳雄。毫不夸张地说，正是仁科芳雄奠定了日本量子力学的基础。

仁科于1890年生于日本冈山县浅口郡里庄町。大学时进入东京大学电气工程系学习，以第一名的成绩毕业。他原本得到了芝浦制作所（日后的东芝）的一个职位，却因为对物理学感兴趣而选择进入研究生院学习数学。

1921年，仁科前往欧洲留学。到了欧洲，仁科听说了玻尔的理论，并加入了位于哥本哈根的理论物理研究所。年轻的仁科是幸运的，他能够目睹、亲身经历量子力学创立、发展的过程。

"物理学究竟是什么"，与各执己见的学者们反复交换意见的日子，对于仁科而言一定是兴奋非常的。仁科一开始打算一两年后就回国，最后却在哥本哈根待了7年多。

玻尔并不想让仁科回国。因为仁科非常善于为玻尔构建起的理论制作验证用的实验设备。对于学习电气工程出身的仁科来说，这些工作是非常得心应手的。仁科制作的实验设备的性能总是远超想象，玻尔非常器重他。

奥斯卡·克莱因（1894—1977）
在理论物理学领域做出了许多成绩。

保罗·狄拉克（1902—1984）
为量子力学的发展做出了贡献，诺贝尔物理学奖得主。

同时，仁科努力刻苦的性格、可靠的人品也吸引了玻尔身边的朝气蓬勃的研究者们，使他迅速和大家打成一片。

仁科在玻尔手下，和同伴们一起认真学习量子力学的理论。1928年，他和其中一位研究者、瑞典的理论物理学家奥斯卡·克莱因一起发表了"克莱因－仁科公式"。仁科终于成为世界级物理学家中的一员。

克莱因和仁科研究的是名为"康普顿散射[1]"的现象。请看第128页中的公式。$\frac{d\sigma}{d\Omega_r}$是名为微分散射截面面积的量，表示电子与光量子产生冲突的难易程度（概率）。这一公式的正确性已经被γ射线的吸收实验等实验证明了。

这个公式运用了英国物理学家保罗·狄拉克的"狄拉克方程"，是一个划时代的公式。这也是集仁科的努力刻苦、有计划有条理的行动、对学问的真挚态度之大成的公式。从量子力学的思维方式出发得出的这个公式，是第一个被实际运用于现象观测的公式。

一同发现公式的克莱因是这样描述研究时的情况的：

但在求出最后的结果之前，必须要进行极为冗长的

---

[1] 又称"康普顿效应"。（译者注）

代数计算。因为要将非常多的项相加，为了不在计算上出错，我们俩分别在自己家里开展工作。直到最后，我们分头计算出的结果才达到了完全一致。

　　[日]玉木英彦、江泽洋编《仁科芳雄：日本原子科学的曙光》

　　在当时的欧洲看来，日本是位于亚洲的偏远小国。

　　而来自日本的仁科却能够凭借天生的开朗性格，平等地和其他学者相处。他全力以赴地去研究、去计算，最终跨越了两个不同世界之间的隔阂。

◆ 克莱因-仁科公式

$$\frac{\mathrm{d}\sigma}{\mathrm{d}\Omega_r} = \frac{\mathrm{re}^2}{2}\frac{\omega^2}{\omega_0^2}\left(\frac{\omega_0}{\omega} + \frac{\omega}{\omega_0} - \sin^2\theta\right)$$

$\dfrac{\mathrm{d}\sigma}{\mathrm{d}\Omega_r}$ 微分散射截面面积

re 古典电子半径

ω_0 入射光子能量

ω 散射光子能量

同事们都很喜爱仁科。有许多共事过的研究者，曾经为了仁科，千里迢迢赶赴日本，并开课讲授量子力学。

"世界的玻尔"终于来到了日本

1928年，在发现了"克莱因－仁科公式"的那年冬天，仁科回到了日本。这是他时隔7年多再次回到祖国。

仁科本欲在哥本哈根的第一线再多研究一段时间的，但他还是选择了回国。恐怕，这是出于"必须要将量子力学带到日本"这样一种使命感吧。

仁科首先招揽了狄拉克和海森堡。狄拉克当时27岁，海森堡则是28岁，两人在几年后都获得了诺贝尔物理学奖。在量子力学创立初期，这两位在冉冉新星中数一数二的人物，甚至不惜中断自己的研究，也要特地乘船赶来日本。

仁科为了将最先进的物理学知识带到日本，可谓是竭尽全力。可能就是他的这份心情，感染了狄拉克和海森堡。同时，仁科也很有人望，毕竟几乎全世界的天才们都答应了仁科的请求，来到了日本。

仁科在这一时期还给朝永振一郎写了一封信，催促朝永"请快点来"。后来获得了诺贝尔物理学奖的朝永听了当时的演讲，深受影响。而朝永正是发现了与海森堡建立起的理论相关的"重正化理论"。

而那位大名鼎鼎的玻尔也应仁科之邀来到了日本。仁科可能在回国前就向玻尔发出了邀请，希望玻尔能来日本。因为在没有玻尔的情况下，量子力学是无从谈起的。

玻尔于1922年获得了诺贝尔物理学奖，他作为"世界的玻尔"，参与了大量的研究。想要让他暂停所有的研究活动，耗费大量的时间前来日本是一件极为困难的事情。然而仁科却联系了所有亲朋好友，告诉他们"请转告玻尔，我希望他能来一趟日本"。我想玻尔的心中，一定也曾反复听到仁科的呼唤。

玻尔心中也一定是清楚的。他清楚地知道自己必须要前往仁科正在等待的日本，去宣传量子力学的美妙之处。

1937年，玻尔终于来到了日本，并在东京大学举办了讲座。我曾经见过一张照片，照片里玻尔正在演讲开始前写板书。四块黑板上整整齐齐地画满了图和公式。从这张照片里也能够看出，玻尔对这次演讲的态度是一丝不苟的。

就这样，"量子力学之父"玻尔在日本的第一次演讲开始了。仁科主动请缨担任口译员。他凝望着恩师的背影，献上了一场极为精彩的口译。玻尔的这次演讲非常成功。仁科想必非常感动，"这束光终于传到了日本"。

当时，仁科应当也写了几封信。在台下的听众当中，不仅有朝永，还有1949年第一位日本诺贝尔奖得主汤川秀树等年轻学者的身影。在这次演讲之后，他们开始在量子力学领域、在世界的舞台上大显身手。

东京大学的演讲过后，仁科带着玻尔遍访各地名胜古迹。其间，玻尔说从富士山的各种不同的风情中可以看出"互补性"。

所谓互补性原理，是量子力学中的一个重要的基本原理。波粒二象性、位置与速度的不确定性等，玻尔等人将这些互不相容的概念相互统一的状态称为互补性。

各种不同的风景，组合成了多面富士山的某一种风情—— 玻尔想说的是，这和量子力学中的相补性是相同的。

生死，东西，表里。这些看起来完全相反的事物，在自然中却并非对立的，而是和谐地共存着。这就是宇宙的真正面目—— 这正是玻尔的理论原点"互补性"。玻尔在富士山上也看到了这一点。

夙愿——大型回旋加速器虽然完成了……

仁科马不停蹄地为量子力学的普及贡献着力量。

他在全日本最大的自然科学综合研究所—— 理化学

研究所（理研）内建立了"仁科研究室"，并于1937年制造了在原子核、素粒子的相关实验中不可或缺的日本第一个回旋加速器（加速带电粒子的装置，因为呈涡旋状而得名）。

但想要揭开微观世界的真面目，还需要更加庞大的回旋加速器。仁科非常想制造出来大型的回旋加速器，但遗憾的是，当时的日本还没有足够发达的技术作支撑。

于是仁科选择向回旋加速器的发明者，美国的物理学家欧内斯特·劳伦斯寻求帮助。仁科在战争的气息愈发浓厚之时，向从未谋面的劳伦斯送去了一封信，开始了等待。

欧内斯特·劳伦斯（1901—1958）
诺贝尔物理学奖得主。第103号元素铹就是以他的名字命名的。

然而不走运的是，当时劳伦斯因为一些原因离开了研究所一阵子。

劳伦斯看了仁科的信，慌忙拍了一封电报过去，告诉仁科，受到战争的影响，研究所接到了命令，不能让任何访客进入所内。美国国内也开始把军事研究放在首位，原子核研究已经开始受到管控。

收到电报的仁科很慌张，但也为时已晚。他派出的人员已经离开了日本，正在前往美国的途中。

事态究竟会如何发展呢……

就像是奇迹一样，派出人员在11月底返回日本时，将大型回旋加速器的设计图也一同带回来了。仁科强烈、真诚的愿望，打动了劳伦斯。

仁科立即着手设计，他将回旋加速器进行改造，终于在1943年完成了大型回旋加速器。"这样一来就可以进行实验了，终于可以验证量子力学的理论了"，仁科等人一定非常兴奋。

但理研的大型回旋加速器却有着极为不幸的遭遇。1941年后，研究人员们鼓足了干劲着手改造加速器，但当时日本国内的战争气息极为浓厚，适逢太平洋战争将要开始。在历经千辛万苦之后，1944年1月，仁科的团队终于成功放出1600万伏特的氘离子束，但这就是他们最后一个成果了。

日本投降后，仁科曾经以为"这下终于可以专心制作大型回旋加速器了"，但他的梦想却被无情地击碎了。GHQ（驻日盟军总司令部）下达了原子能研究的禁止令，日本的回旋加速器全部都被破坏了。

理研的回旋加速器也是一样，于1945年11月28日被沉入了东京湾。这也意味着仁科研究生涯的终结，宣告了日本的原子能研究的终止。事实上也是如此，之后的仁科再也没有回归到研究工作中来。

在仁科于日本投降后写给劳伦斯的第一封信（落款日期为1946年7月15日）中，他是这样说的。

（前略）60英寸回旋加速器极为遗憾地已经永眠于太平洋底。也许它就是为了被破坏而被制造出来的。就因为战争，我们从来没有把这个回旋加速器用于科学研究。

（摘自同一信件）

引领日本物理学发展的仁科芳雄的功绩

仁科制造了1.524米（60英寸）的巨型回旋加速器，把它当作自己的孩子一样关爱。但这个回旋加速器却遭到了破坏，被沉入了东京湾。

不知道仁科当时有多么悲痛呢！

恐怕连站都站不起来了吧。但他却不得不站起来。驻日盟军总司令部在破坏了大型回旋加速器之后，着手解散理化学研究所。我想，这应该是想禁止日本继续研究自然科学。

仁科必然是这样想的："不要开玩笑！"如果没有了理化学研究所，日本的科学研究就失去了根基。

仁科为了保全理化学研究所而绞尽脑汁，最终想出了一个绝妙的法子。他想把理化学研究所变为一家民营企业。他通过政治家在国会上提出了特别法并得到了国会的批准。于是，株式会社科学研究所成立了。

仁科担任了第一任社长。这家公司成功地培育出了青霉素，由此解决了资金问题，仁科将日本的科学明灯守护了很久很久。

战争结束后，大约过了5年，在1951年1月10日，仁科芳雄去世了，享年61岁。在去世的3个月前，他在入住内幸町的病院之际，咏出了这样一句：

工作复工作，工作积得老来病，时已至秋末。

仁科一直在努力。他努力着、努力着，想要为日本带来新的物理学的光芒。他的梦想只实现了一半。他一定还不想就这样离开世界。

在仁科一路走来的轨迹中，我们究竟该学习什么呢？量子力学在今后也将会不断发展，应用量子力学的技术也会一个接一个地被发明出来、不断进步。如果没有战争，仁科也许能够获得诺贝尔物理学奖。战争把一切全都毁了。

但仁科对量子力学的殷切期盼却开了花、结了果。汤川和朝永等年轻的学者们追随着仁科，将日本的物理学研究发展到了领先世界的水平。

仁科的研究领域是非常广泛的，涉及X射线谱、原子物理学、宇宙射线、生物学、医学等。这些最为先进的研究，仁科却仅凭一己之力就引领了起来。

在我的演讲——科学秀上会播放这样一段片尾来作结。（月面环形山的名字，都是来自历史上的各位名人。）

环形山"玻尔"的位置是纬度12.4N，经度86.6W
环形山"仁科芳雄"的位置是纬度44.6N，经度170.4W
现在，仁科和玻尔也在对话
现在，仁科和玻尔也在守护着我们

1890年12月6日，仁科芳雄出生
一切由此开始
过人的观察能力，拥有"发现光的眼睛"的科学家仁科
仁科在少年时代绘制的一幅马的图画，就已经陈述出了这一切

怀揣着梦想和不安，仁科踏上前往欧洲的旅途
他与一生的导师玻尔相遇

玻尔成为仁科的光

仁科见证了量子力学诞生的瞬间

仁科逐渐掌握了量子力学

只要还有一丝光芒

仁科就会一往无前地去寻找

仁科追寻着整个世界

他一定要将量子力学带回日本

将光芒带回日本

仁科的心愿打动了恩师玻尔

两位学生在玻尔的演讲中看到了未来之光

汤川秀树和朝永振一郎

他们沐浴着老师仁科的光芒，冲向世界

他们成为日本的新光芒

日本的投降夺走了仁科的光芒

将光芒带回日本

只要还有一丝光芒

仁科就会永远照耀日本

仁科的夙愿与梦想照耀着我们的明天

仁科芳雄，感谢你带来的耀眼光芒

费马、谷山丰：沉迷于完全证明超级难题的数学家们

$$x^n + y^n = z^n$$

上帝交给脆弱人类的最伟大的接力棒

皮埃尔·德·费马（约1607—1665）
在整数研究上取得了许多成果，
提出了"费马大定理"。

谷山丰（1927—1958）
提出"谷山-志村猜想"，为解开"费马大定理"
做出了贡献。

17世纪的法国数学家皮埃尔·德·费马给世人留下了数学史上最大的难题。这个难题困扰了后世的数学家长达300余年，这就是"费马大定理"。

大家多年来一直称其为"费马大定理"，实际上1994

年英国数学家安德鲁·怀尔斯（1953—）已经将其证明，因此也被称为"费马的最终定理"。

我从"费马大定理"的历史当中学到了很多，其中之一就是："计算是一场旅行，而证等是它的轨道。"

证等，是表达无形的永恒真理的，永远不朽的轨道。

而人类脆弱的一生，通过数学这场计算的轨道得以延续。

数学究竟是什么？每个数学家应该都曾经考虑过这个问题。

"上帝交给脆弱人类的最伟大的接力棒，就是数学。"

这是我的一些冒昧的想法。

这个接力棒，经无数数学家之手交到了怀尔斯手中，"费马大定理"最终得到了证明。从数学女神手中接过接力棒的瞬间，这种超越时空的接力，在数学的世界是可能存在的。

解开费马之谜的确实是怀尔斯。但怀尔斯直接证明的其实并非费马大定理，而是日本的"谷山－志村猜想"。

而在谷山丰、志村五郎（1930—，与谷山一同研究的人）之前还有拉马努金、欧拉，在费马之前还有毕达哥拉斯。过程中不乏激动人心的故事。

而揭开其真面目的旅程过于漫长，要一一介绍参与其中的数学家是很困难的。本章将以其中一位日本数学家——谷山丰为中心展开。

全世界数学家哪怕耗尽一生、搭上全部身家向费马大定理发起挑战，却都纷纷被击败了。实际上日本数学家也为费马大定理的证明做出了莫大的贡献。

书写在书页空白处的众多定理

费马生于法国西南地区的一个小镇，他毕业于奥尔良大学，作为一名法律学家度过了自己的一生。费马在繁忙的法庭工作的间隙对数学也进行了研究，可谓是"最伟大的业余数学家"。

"费马大定理"也并没有被发表为正式的论文。它不过是费马在阅读古希腊数学家丢番图（约210年—约290年）所著的世界上第一部使用了代公式的数学典籍《算术》时，随手在书的空白处写下的一句话而已。

在费马去世后的1670年，他的儿子出版了附带费马评论的特别版《算术》，费马大定理才为世人所知。书中记载了费马发现的诸多定理，却没有记录定理的证明过程。后来，这些定理经欧拉之手一一得到了证明。

可是，最后有一个定理，欧拉无论如何也无法证明。

这就是"费马大定理",也被称作"费马的最终定理"。

那么,"费马大定理"究竟是什么呢?它被称作是数学史上最大的难题,大家恐怕会因此误以为只有专业的数学家才能想明白这个问题吧。

◆ 费马大定理

$$x^n + y^n = z^n$$

当 n 为大于等于3的自然数时,
这个方程没有非0的整数解。

实际上,它简单得令人惊讶,只要明白毕达哥拉斯定理(089页),就一定能明白费马大定理的原理。

请看上图。非常简单明了。n=2时,这毫无疑问就是毕达哥拉斯定理,满足这一等式的三个整数的组合存在无数个,也就是所谓的"毕达哥拉斯数"。

最为人所熟知的应当就是"3、4、5"。"$3^2+4^2=5^2$"，这一结果通过心算就能够验证。哪怕是初中生，应当也有不少人能够记住"$5^2+12^2=13^2$""$8^2+15^2=17^2$"吧。

"$n=2$"时，方程的解有无数个。但一旦"$n=3$"，方程就不存在解了[1]。n为4、5、6时也没有解。当n大于等于3时，方程不存在解——这就是"费马大定理"，理解起来非常简单。虽然如此，想要证明它却是极为困难的。

费马本人证明了这个问题吗？在书上的空白处，他写下了这样一句话：

"我确信已发现了一种美妙的证法，可惜这里空白的地方太小，写不下。"

由此，后世的数学家们艰苦卓绝的奋斗史拉开了序幕。

震惊全世界数学家的"谷山-志村猜想"

怀尔斯第一次听说"费马大定理"是在1963年，那年他刚刚10岁。当时，他心想："我要证明这个定理！"

---

[1] 准确而言应当是"不存在正整数解"，此处为原文表述不精确。（译者注）

怀尔斯从那时起就一直心怀这一梦想，但在他成为剑桥大学的研究生之后，却暂时搁置了自己对梦想的追求。

他的导师忠告他说："怀尔斯，你听好。我很能理解你想要证明费马大定理的心情，但每一个沉迷于费马的人最后落得什么样的结果，你是清楚的。你非常优秀，决不要走上证明费马大定理的道路。你还是去研究有理椭圆曲线（系数为有理数的椭圆曲线）吧！"

怀尔斯认识到现有的方法还不足以证明费马大定理，便暂时搁置了自己的梦想，着手研究有理椭圆曲线。这是决定他命运的选择。对椭圆曲线的研究，最终为他证明费马大定理做好了铺垫。

椭圆曲线简单而言，就是方程为$y^2 = x^3 + ax^2 + bx + c$的曲线，虽然叫作"椭圆曲线"，但是和椭圆并没有什么关系。

关于椭圆曲线，谷山丰提出了一个里程碑式的想法。1955年，日本举办了"代数数论国际研讨会"。全世界研究数论的学者们齐聚战后不久、一片荒凉的日本，恐怕多少有些想要鼓励年青一代日本数学家的意思。

谷山在这次会议上提出了一个猜测："所有的有理椭圆曲线都是模曲线。"

当时，世界顶尖的数学家，法国天才安德烈·韦伊甚至惊呼："你在胡说些什么！"

安德烈·韦伊（1906—1998）
在整数数论、代数几何学领域做出了巨大的贡献。

　　谷山的想法就是这么令人感到惊奇。而他当时也并没有能够清楚明白地做出说明。

　　其后，谷山的友人志村五郎成功为这一猜测做出了完美的说明，这一猜测最终也被命名为"谷山－志村猜想"，但当时没有任何人将"谷山－志村猜想"与"费马大定理"联系起来。

　　但证明费马大定理的前奏自日光的研讨会开始已然奏响。谷山在研讨会上提出的是如下所示的问题。

◆ 谷山提出的问题

定义 C 为代数数域*k上的椭圆曲线，C 到k的L类函数*写作$L_c(s)$：

则

$$\zeta_c(s) = \frac{\zeta_k(s)\,\zeta_k(1-s)}{L_c(s)}$$

为 C 到k的ζ函数。

若哈塞※的猜想对于$\zeta_c(s)$是正确的，则由$L_c(s)$通过逆梅林变换※得出的傅里叶级数※必须为形态特别的、权重为-2的自守形式。

若满足上述条件，其形式则该自守函数域的椭圆微分，这一点是毋庸置疑的。

那么，我们是否能通过倒推、通过由$L_c(s)$导出恰当的自守形式，从而证明哈塞对于C的猜想呢？

※代数数域：代数方程式的解的集合。

※L类函数：ζ函数中的一种。

※哈塞：详见第154页。

※（逆）梅林变换：

芬兰数学家耶尔马·梅林（1854—1933）提出的一种函数变换方法。

※傅里叶级数：将一般的函数通过三角函数之和来表达的方法。

谷山－志村猜想的内容如下所述：

"椭圆曲线上的ζ函数是自守形式的双重ζ函数。"

各位读者们应当还记得这句话："数学是一种语言。"想要完全理解这种语言，就需要进行计算。我曾经在补习班上教授高中数学，在开始计算前，我总会向学生们这样说：

"现在开始计算！不，在那之前还要重视语言！"

数学是人类创造的"唯一的、最强大的人造语言"。

关于"ζ函数"将在后文进行讲解。首先，所谓"自守形式"是一种"含有模形式的一种函数"。

那么，"模形式"究竟是什么呢？数论权威，德国的马丁·艾希勒（1912—1992）认为："数学的基本运算共有五种：加法、减法、乘法、除法和模形式。"

模形式论是上半平面上的函数，其特点是具有极高的对称性。把实数看作位于一次元（直线）上的数时，可以将复素数看作位于二次元（平面）上的数。复素数平面是复素数存在的平面，也称高斯平面。

椭圆曲线和模形式在数学上属于两种完全不同的领域，所有人都认为两者毫无关联。

然而，谷山－志村猜想却认为所有的有理椭圆曲线都是模曲线，并将二者联系了起来。这种想法在当时看起来可以说是不可理喻的。

"如果谷山是正确的，那么费马也是正确的"

谷山－志村猜想最终在全世界的数学家之间变得无人不知、无人不晓。然而，却没有任何人把它和费马大定理联系起来。

在日光研讨会近30年之后，1984年，以研究弗赖曲线闻名的德国数学家格哈德·弗赖（1944—）发表了一个令人震惊的观点："谷山－志村猜想的证明将会直接影响费马大定理的证明。"

其后，在1986年，谷山－志村猜想终于迎来了和费马大定理联系起来的一刻。美国数学家肯·里贝特（1948—）证明了弗赖的观点。美国数学家巴里·梅祖尔（1937—）为里贝特的证明提供了重要提示。

里贝特是这样说的："如果谷山是正确的，那么费马也是正确的。如果谷山是错误的，那么费马也是错误的。"

在即将迎来21世纪之时，"费马大定理"的证明终于有了重大突破。但当时却有许多数学家认为，这并不能代表什么。

因为，想要证明谷山－志村猜想是极为困难的。

"我懂了。想要证明费马大定理，就必须要先证明谷山－志村猜想。但是，想要证明谷山－志村猜想是不可能的。恐怕会花上几百年的时间……想要证明费马大定理，还是很困难啊。"

人们应当都是这样想的。

没有一个人，想要更进一步——除了那位数学家以外。

那个人就是怀尔斯。他认定费马大定理一定能够被证明。

"我要证明费马大定理，"怀尔斯搁置了自己从10岁起就心怀的梦想，埋头研究有理椭圆曲线，如今他认识到，"我的研究，说不定能够与费马大定理的证明联系起来。"

他决心独自踏上旅途，乘上这班一生只有一次的列车。"来了！就是它！"

经过无数数学家的接力，接力棒最终交接到了怀尔斯手中。他花费了将尽8年的时间，把自己关在阁楼里，与世隔绝地计算着。

最后，那个时刻来到了。

1994年9月19日上午10点。怀尔斯轻声说道：

"谷山是正确的。所以费马也是正确的。Q.E.D.（证明完毕）。"

在这一刻，这场跨越300余年的接力赛终于落下了帷幕。怀尔斯是这样描述自己当时心情的："它的美是如此难以形容，它又是如此简单和优美，起初我甚至不敢相信。"

其实，在前一年，1993年，怀尔斯曾经宣称自己证明了费马大定理。然而论文的审查人在审稿时发现了一个缺陷，那是一处完全无法解释的缺陷。在数学领域，经常出现一个小疏忽造成致命错误的情况，要修补小疏忽时往往会把证明全盘推翻。

怀尔斯立即着手修订证明。过去没有任何人了解他证明的过程，如今他却不得不在全世界数学家的瞩目之下进行证明。

在这种情况下，一旦有人抢先证明了大定理，怀尔斯将全盘皆输。在那一年里，他的心情想必很不平静吧。终于，他在第二年完成了证明。

那么，怀尔斯究竟是如何证明的呢？虽然用一句话很难概括，不过其中有部分内容可以用一句话来说明。请看下图。

◆ 怀尔斯的证明

假设某一命题为假，通过找出其中的矛盾来证明命题为真的方法

假设当 n 为大于等于3的自然数时，
$x^n + y^n = z^n$ 有解
且解为 $a^n + b^n = c^n$（反证法）
则能够得出一条可以用 $y^2 = x(x - a^n)(x + b^n)$ 表示的图形（椭圆曲线），按照谷山的预测，这种椭圆是不存在的。这是矛盾的。由此，当 n 为大于等于3的自然数时，$x^n + y^n = z^n$ 无解。

怀尔斯最终选择的方法，是通过大量阅读其他数学家的论文，将其认真消化，将他人的智慧拼凑起来，组合成

了一个强有力的武器，以此来迎击费马大定理。

做出这番成就的怀尔斯无疑是一位伟大的数学家。他的成就甚至可以被称作是世纪证明。像这样，在数学的世界里，孤身一人做出惊天成果的英雄事例确实有很多。

不过，若是剖析怀尔斯究竟是如何解决问题的，我认为还是因为数学历经几代数学家的接力，得到了长足的发展。谷山、志村、弗赖、里贝特、梅祖尔……没有他们，费马大定理是无法被证明的。他们每一个人，都为证明做出了贡献。

不仅是他们。

欧拉、高木贞治、挪威数学家阿特勒·塞尔伯格、奥地利数学家埃米尔·阿廷、因提出"朗兰兹猜想"而闻名的加拿大数学家罗伯特·朗兰兹（1936—）、证明了关于有理代数曲线的重要定理以及莫德尔猜想的德国数学家格尔德·法尔廷斯（1954—）等数论天才们也为费马大定理做出了艰苦努力。

高木创立了类域论这一享誉世界的理论。如果用一句话来概括类域论的话，那就是它证明了数字的世界有多么神秘。

阿特勒·塞尔伯格（1917—2007）
发现了塞尔伯格迹公式、塞尔伯格 ζ 函数。对素数定理进行了初等证明。

埃米尔·阿廷（1898—1962）
发现了阿廷环。

包括在讲述谷山－志村猜想时曾经提到过的德国数学家赫尔姆特·哈塞在内，德国数学家埃里克·赫克、因关于概型的独特研究而闻名的数学家亚历山大·格罗滕迪克（1928—）、因解决了"韦伊猜想"而闻名的比利时数学家皮埃尔·德利涅（1944—）等数学家们都为此做出了贡献。19岁[1]死于决斗的悲剧天才、法国数学家埃瓦里斯特·伽罗瓦的成果也为怀尔斯所用。

赫尔姆特·哈塞（1898—1979）
主要研究代数整数论。哈塞图由他的名字命名。

---

[1]　一说是 21 岁。

埃里克·赫克（1887—1947）
提出了赫克环。

埃瓦里斯特·伽罗瓦（1811—? 1832）
群论的创始人。发明了伽罗瓦理论。

因为这些数学家的努力，数学理论不断得到发展，最终带来了怀尔斯的成功。

ζ 函数揭开了不可思议的数字世界

在讨论"费马大定理"时，不得不提到的就是"ζ 函数"。实际上，谷山、志村、拉马努金、怀尔斯等人都曾借助 ζ 函数成功揭开了数学的神秘面纱。

而 ζ 函数，则起源于欧拉。

$$\frac{1}{1^2} + \frac{1}{2^2} + \frac{1}{3^2} + \frac{1}{4^2} + \frac{1}{5^2} + \frac{1}{6^2} + \frac{1}{7^2} + \frac{1}{8^2} + \frac{1}{9^2} + \frac{1}{10^2} + \cdots\cdots$$

这样不断相加下去，究竟会有什么结果呢？

将其解开的正是欧拉。算出的最终结果居然是 $\pi^2/6$。

不仅如此，当分母变为四次方、四次方、四次方……时，结果为 π 的四次方（$\pi^4/90$）。当分母变为六次方、六次方、六次方……时，结果则为 π 的六次方（$\pi^6/945$）。

◆ 利用 ζ 函数可以将无穷也纳入讨论范围

黎曼ζ函数

$$\zeta(s) = \sum_{n=1}^{\infty} \frac{1}{n^s}$$

当 s 为-1、-2、-3时

$$\zeta(-1) = 1+2+3+4+\cdots\cdots = -\frac{1}{12}$$

$$\zeta(-2) = 1^2+2^2+3^2+4^2+\cdots\cdots = 0$$

$$\zeta(-3) = 1^3+2^3+3^3+4^3+\cdots\cdots = \frac{1}{120}$$

欧拉发现，在自然数的世界里存在着与 π 相关的规则。这就是被称作"ζ函数"的东西。这是研究将自然数的"指数"全部相加后之和的、关于无穷级数的问题。

这一规则可以归结为上图所示内容（黎曼ζ函数）。

ζ函数与质数有着密切的联系。由此，"费马大定理"也和ζ函数关联紧密。

整数是由质数的积构成的，只要能够了解质数的规律，数字世界不可思议的运作规律就能够为我们所了解。

请大家再看一下这个方程。虽然计算上看起来很奇妙，利用ζ函数来进行计算，可得到比无穷级数更精密的计算结果（这种计算被称为解析开拓）。

这就是ζ的力量。这意味着利用ζ函数，我们便可以将无穷纳入讨论范畴来。

其根基，就在于关孝和发现的"关－伯努利公式"。虽然关孝和与伯努利是分头独立进行研究的，但关孝和发现这一方程要略早于伯努利。

请看下页的图。B_m被称作关－伯努利数[1]。当ζ与关－伯努利数相结合之时，一个美妙的公式就诞生了。

接下来，请看其证明。确实，$1＋2＋3＋\cdots\cdots＝-1/12$。

而其中也有"欧拉－麦克劳林公式"的功劳。这是一

[1] 实际上并无"关－伯努利数"这一说法，为作者自创。

个我非常喜欢的公式。

◆ 关-伯努利公式

$$\sum_{k=1}^{n} k^i = \sum_{j=0}^{i} {}_iC_j \cdot B_j \frac{n^{i+1-j}}{i+1-j}$$

证明方程

$$1+2+3+\cdots\cdots = \frac{1}{1^{-1}} + \frac{1}{2^{-1}} + \frac{1}{3^{-1}} + \cdots\cdots$$

$$= \sum_{n=1}^{\infty} \frac{1}{n^{-1}}$$

$$= \zeta(-1)$$

$$= \zeta(1-2)$$

$$= -\frac{B_2}{2}$$

$$= -\frac{1}{6} \cdot \frac{1}{2}$$

$$= -\frac{1}{12}$$

$$\zeta(1-m) = -\frac{B_m}{m}$$

※B_m是关-伯努利数，m是自然数

$$B_2 = \frac{1}{6}$$

请注意图下方整理好的证明方程。上文提到，模形式
有着对称性，我们可以称之为表达这个世界的一个真理。

s与（1–s）是相关联的，这种情况被称作存在对称性。使用这个方程，也能够得出1＋2＋3＋……＝-1/12。

◆ 欧拉—麦克劳林公式

设a、b是$a \leq b$的任意整数，M为任意自然数。

当f(x)为可在区间[a,b]内进行M次连续微分的函数时，

$$\sum_{n=a}^{b} f(n) = \int_{a}^{b} f(x)\, dx + \frac{1}{2}\left(f(a) + f(b)\right)$$

$$+ \sum_{k=1}^{M-1} \frac{B_{k+1}}{(k+1)!}\left(f^{(k)}(b) + f^{(k)}(a)\right)$$

$$- \frac{(-1)^{M}}{M} \int_{a}^{b} B_{M}(x - [x]) + f^{(M)}(x)\, dx$$

证明方程

关于奇数$s < 0$

$$\zeta(s) = 2(-s)!\,(2\pi i)^{s-1} \zeta(1-s)$$

$$
\begin{aligned}
1+2+3+\cdots &= \frac{1}{1^{-1}} + \frac{1}{2^{-1}} + \frac{1}{3^{-1}} + \cdots \\
&= \sum_{n=1}^{\infty} \frac{1}{n^{-1}} \\
&= \zeta(-1) \\
&= 2(-(-1))!\,(2\pi i)^{-1-1}\zeta(1-(-1)) \\
&= 2(1)!\,(2\pi i)^{-2}\zeta(2) \\
&= 2 \cdot 1 \cdot \frac{-1}{4\pi^2} \cdot \frac{\pi^2}{6} \\
&= -\frac{1}{12}
\end{aligned}
$$

$$\sum_{n=1}^{\infty} \tau(n) \, n^{-s} = \prod_{p:\,\text{素数}} (1 - \tau(p)p^{-s} + p^{11-2s})^{-1}$$

$$\left| \tau(p) \right| < 2p^{11/2}$$

　　接下来请看上图。拉马努金发表了一个关于ζ函数的猜想，而为这一猜想的证明做出贡献的则是久贺道郎、因"佐藤超函数"闻名世界的佐藤干夫（1928—）、伊原康隆（1938—）等日本数学家。遗憾的是，最后的研究成果却是由比利时人德利涅取得的……

　　不仅如此，岩泽健吉（1917—1998）也严谨地证明了ζ的值有多么不可思议（岩泽理论）。怀尔斯最终是使用岩泽健吉所创立的宏大理论，才得以成功证明谷山—志村猜想的。

天才数学家谷山丰之死

最后，我想给大家讲一讲关于谷山丰这位数学家的故事。谷山是我永远无法忘却的数学家，因为他的经历实在是太令人悲伤。

2008年，我曾经同谷山丰的兄长谷山清司先生见过一面，他在日本埼玉县当一名医生。在我表示想要了解谷山丰的情况之后，他热情地招待了我，给我讲述了许多故事。

谷山丰于1927年生于埼玉县，他小时候既不擅长倒立也不擅长赛跑。当时日本正处于军国主义时期，体育不好是无法进入旧制一高（现在的东京大学）的。为此，他复读了一年，最终进入了东京大学理学院数学系。

在他很小的时候，即便去上幼儿园也很快就退了学，不仅不擅长和人交朋友，身体也不太好。

但他和兄长的关系却十分亲密，兄弟二人经常一起下将棋、下围棋。下围棋时是有棋谱的，但令人感到有趣的是，少年时的谷山丰在下围棋时却从不看棋谱。这正是一种数学家的态度。

数学是一门发现规则、创造规则的学问。看棋谱对于数学家而言是极为屈辱的行为。观察面前棋盘上呈现的合理规则，这样更有意思——少年谷山丰应当这样想过吧。

谷山1953年大学毕业之后，第二年成为教授的助手，他的黄金时期也就此开始了。

1955年，他在前文提及的日光国际研讨会上发表了震惊全球数学家的"谷山猜想"。1958年4月成为副教授，10月和铃木美佐子订婚。不仅如此，他还被美国的普林斯顿高等研究院聘用，谷山正在自己梦想中的数学道路上飞驰着。

但是，11月17日凌晨3点，谷山结束了自己的生命。他在池袋静山庄的20号房内，打开了煤气阀门，独自踏上了归途。

清司先生对葬礼上的美佐子印象很深。她表现得很坚强。不过其实直到那时，清司才知道弟弟已经订婚了。

美佐子只对哥哥清司提出了一个请求："请把阿丰的西装给我。"

美佐子在谷山住过的静山庄附近租了一间公寓，在两周后的12月2日追随谷山而去。她同样选择在谷山逝世的凌晨三点，静静凝视着谷山的西装，离去了⋯⋯

谷山究竟遇到了什么呢？我曾有机会同正在美国颐养天年的志村五郎老师通电话，他当时给我的回复是"我也不清楚"。

这是个多么令人悲伤的故事啊。我认真地烦恼了许久，原来数学会令人感到如此痛苦吗？为何谷山一定要在人生正顺风顺水的时候选择死亡呢？

谷山应当是一个非常单纯的男人，虽然别人认为他十分优秀，但他本人可能对自己的将来没有信心——在同志村老师通话的过程中，我突然想到了这一点。

大家听了这个故事，可能会觉得"数学真的好可怕""数学居然会夺人性命"。可能会认为谷山只有在数学的世界里才能找到容身之所。但其实，如果对自己将来能否在数学上做出成就感到悲观的话，只要转向数学以外的领域就可以了。谷山为何没能这样去做呢？

我在本书中，是满怀喜悦地向各位读者讲述着数学的伟大与乐趣的。我放下数学的时刻，就是我离开这个世界的时刻。我想一直研究数学，直到我生命的最后一刻。可谷山却仅仅存在于数学的世界，因为在数学上遇到了挫折，就对将来产生了悲观情绪，最后自绝性命。

我想对谷山抱怨一句："不应该是这样的吧。"

数学支撑起了社会的各个领域。就在现在这一秒，数学的世界也正在为我们提供着支持。无论大家如何厌恶数学，数学也不会舍弃大家，它会永远地支持我们。

数学的永恒性，这正是数学的真谛。

拉马努金：美妙公式与圆周率的故事

$$\sqrt[3]{\sqrt[3]{2}-1}=\sqrt[3]{\frac{1}{9}}-\sqrt[3]{\frac{2}{9}}+\sqrt[3]{\frac{4}{9}}$$

$$\pi=\frac{1}{\dfrac{2\sqrt{2}}{9801}\displaystyle\sum_{n=0}^{\infty}\dfrac{(4n)!}{\{(4^n)\cdot(n!)\}^4}\cdot\dfrac{26390n+1103}{99^{4n}}}$$

$$\sum_{n=1}^{\infty}=\frac{n^5}{e^{2\pi n}-1}=\frac{1}{504}$$

我与拉马努金的相遇

斯里尼瓦瑟·拉马努金（1887—1920）
印度数学家。他用天才的智慧发现了大量公式。

大家听说过拉马努金这位数学家吗？

他于19世纪末突然出现在印度南方，又在20世纪初英
年早逝。

20世纪90年代初，我第一次见到下一页中出现的拉马
努金公式。

计算右侧的值，就能在笔记本上得出3.14159265……
这一串数字。确实是π的值。

"是真的。"

167

$$\pi = \cfrac{1}{\cfrac{2\sqrt{2}}{9801} \displaystyle\sum_{n=0}^{\infty} \cfrac{(4n)!}{\{(4n) \cdot (n!)\}^4} \cdot \cfrac{26390n+1103}{99^{4n}}}$$

　　还是一名大学生的我认识到了这个事实，感觉自己身上发生了一些变化。那变化究竟是什么，当时的我还并不明了，而是在日后一点一点地明白的……

他只对数学感兴趣

　　1887年，拉马努金出生于一个婆罗门（祭司阶级）家庭，生来就注定要生活在印度教严格的戒律之中。

　　拉马努金小时候就很擅长计算，无论是什么样的难题，只要一到他手上就能迎刃而解。但因为家境贫寒，他并没有怎么接受过学校的正规教育。

15岁时，朋友送了他一本数学书作礼物，由此，他踏上了发现公式的旅途。拉马努金热衷于凭借自己的力量去证明书中的全部定理、公式，他开始独自沉迷于计算的乐趣之中。

　　身边的人也逐渐认识到了拉马努金的才华，他最终得以进入大学学习。可他对于数学之外的学科没有任何兴趣，最终没能升到下一学年就退学。即便是这样，他也仍旧在数学的世界里不断漫游。

　　身边的人都跟不上拉马努金的研究水平，于是纷纷劝他写信给当时数学水平最高的英国的数学家。

哥德符莱·哈罗德·哈代（1877—1947）
对解析数论产生了深远影响。

　　可所有收到信的数学家都没能理解拉马努金的研究内容，并没有给他回信。只有其中一个人，意识到拉马努金有着出类拔萃的才华。

　　这个人就是剑桥大学的数学家哥德符莱·哈罗德·哈代。

与哈代的相遇

本章一开始提到的公式，是1914年发表的。也是在这一年，拉马努金动身前往英国。看了那封写满奇妙定理的信，哈代感受到了拉马努金天赋异禀，便将他从印度请到了英国。获得哈代认可的拉马努金，开始正式作为一名数学家开展研究工作。

哈代同时也是一位为拉马努金的算式而倾倒的人。

拉马努金并未做出168页公式的证明。但我想，即便拉马努金说等号右侧的神奇算式表达的是直径为1的圆的周长（约为3.14），恐怕也不会有人立刻就表示认同。

当时哈代让拉马努金做出证明，拉马努金却未能合理地做出解释。不过，哈代并没有因此批评拉马努金。

哈代可能也和我一样，稍微进行了一些计算，然后，感受到拉马努金应当是正确的，因而露出了笑容。

在可能只是幻影的"等式"面前，哈代的心应当是雀跃的——拉马努金仿佛就是数学之神的使者，给世人们展示了闻所未闻、见所未见的算式。

哈代的喜悦来自于两件事：能够见到前所未见的算式，以及能够将算式的发现人独占。

拉马努金负责计算，哈代负责证明——两人合作无间的研究就这样开始了。虽然两人共同研究的时间还不到3年，哈代却一直以对待珍宝的态度珍视着拉马努金。在哈代的倾心支持之下，拉马努金和他的公式得以闻名世界。

活在当代的拉马努金公式

在本书第168页的公式被发现的70多年以后，1987年，加拿大数学家乔纳森·波尔文与彼得·波尔文兄弟（1951—，1953—）终于成功将其证明。

其后，在1989年，生于苏联的数学家大卫·楚德诺夫斯基、格里高利·楚德诺夫斯基两兄弟（1947—，1952—）利用这一公式，将圆周率 π 的值精确到了小数点后第10亿位，创下了世界纪录。

就像其他所有公式一样，拉马努金的公式也超越了时代，有着蓬勃不衰的生命力。人类的生命是有限的，正因如此，我们在研究具有无限生命的数学公式时才会感到无比欣喜。

拉马努金的计算轨迹日后被收录在被称作"拉马努金笔记"的三册手写公式集当中。笔记中记载的惊人计算中，出现了大量关于 π 的计算。

让我们来看看书中出现的公式。

次页图中的公式虽然并不是关于 π 的计算，一眼看过去，并不能判断等号左右两边是否相等。

$$\sqrt[3]{\sqrt[3]{2}-1} = \sqrt[3]{\frac{1}{9}} - \sqrt[3]{\frac{2}{9}} + \sqrt[3]{\frac{4}{9}}$$

$$\sqrt{\sqrt[5]{4}+1} = \frac{\sqrt[5]{16}+\sqrt[5]{8}+\sqrt[5]{2}-1}{\sqrt{5}}$$

$$\sqrt[4]{\frac{3+2\times\sqrt[4]{5}}{3-2\times\sqrt[4]{5}}} = \frac{\sqrt[4]{5}+1}{\sqrt[4]{5}-1}$$

写在拉马努金笔记最后的果然还是关于圆周率的计算。

下一页中的计算是表达圆周率的值3.14159265……的近似式。可以看出，他对于$\sqrt{}$的使用依旧非常巧妙。大家请比较一下π的值与计算结果。

π也有着许多和其他数字一同组成的公式。

请看第174页的公式。π是在进行无数次加法运算的级数中出现的。

$$\pi = 3.1415926535897832$$

$$\frac{7}{3}\left(1+\sqrt{\frac{3}{5}}\right) = 3.14162$$

$$\frac{19}{16}\sqrt{7} = 3.14180$$

$$\frac{9}{5}\left(1+\sqrt{\frac{9}{5}}\right) = 3.14164$$

$$\sqrt[4]{3^4+2^4+\frac{9}{2+\left(\frac{2}{3}\right)^2}} = 3.14159265262$$

$$\frac{63}{25}\left(\frac{17+15\sqrt{5}}{7+15\sqrt{5}}\right) = 3.14159265380$$

$$\frac{355}{113}\left(1-\frac{0.0003}{3533}\right) = 3.14159265358979\cdots\cdots$$

◆ **拉马努金的公式②（在级数算式中出现的π）**

圆周率　π=3.14159265358979323846264338327950288419716939937510······

纳皮尔数　e=2.71828182845904523536028747135266249775724709370000······

欧拉常数γ=0.57721566490153286060651209008240243104215933593992······

$$\frac{\log_e 1}{\sqrt{1}} - \frac{\log_e 3}{\sqrt{3}} + \frac{\log_e 5}{\sqrt{5}} - \frac{\log_e 7}{\sqrt{7}} + \frac{\log_e 9}{\sqrt{9}} - \cdots\cdots$$

$$= \left(\frac{1}{4}\pi - \frac{1}{2}\gamma - \frac{1}{2}\log_e^{2\pi} \right)\left(\frac{1}{\sqrt{1}} - \frac{1}{\sqrt{3}} + \frac{1}{\sqrt{5}} - \frac{1}{\sqrt{7}} + \frac{1}{\sqrt{9}} - \cdots\cdots \right)$$

$$\frac{1}{\left(25+\dfrac{1^4}{100}\right)(e^{\pi}+1)} + \frac{3}{\left(25+\dfrac{3^4}{100}\right)(e^{3\pi}+1)} + \frac{5}{\left(25+\dfrac{5^4}{100}\right)(e^{5\pi}+1)}$$

$$+\cdots\cdots = \frac{\pi}{8}\coth^2\frac{5\pi}{2} - \frac{4689}{11890}$$

$$\frac{1}{1^3}\left(\coth\pi x + x^2\coth\frac{\pi}{x}\right) + \frac{1}{2^3}\left(\coth 2\pi x + x^2\coth\frac{2\pi}{x}\right)$$

$$+\frac{1}{}\left(\coth 3\pi x + x^2\coth\frac{3\pi}{x}\right) + \cdots\cdots = \frac{\pi^3}{90x^3}(x^4+5x^2+1)$$

$$\frac{1^5}{e^{2\pi}-1} \cdot \frac{1^5}{2500+1^4} + \frac{2^5}{e^{4\pi}-1} \cdot \frac{1^5}{2500+2^4} + \cdots\cdots$$

$$= \frac{123826979}{6306456} - \frac{25\pi}{4}\coth^2 5\pi$$

有趣得让人睡不着的数学

M a t c h

174

$$\sum_{n=1}^{\infty} = \frac{n^5}{e^{2\pi n} - 1} = \frac{1}{504}$$

$$\sum_{n=1}^{\infty} = \frac{n}{e^{2\pi n} - 1} = \frac{1}{24} - \frac{1}{8\pi}$$

$$\sum_{n=1}^{\infty} = \frac{n^3}{e^{2\pi n} - 1} = \frac{1}{80}\left(\frac{\varpi}{\pi}\right)^4 - \frac{1}{240}$$

圆周率　　　$\pi = 2\int_0^1 \dfrac{\mathrm{d}x}{\sqrt{1-x^2}} = 3.14159\cdots\cdots$

双纽线周率　$\varpi = 2\int_0^1 \dfrac{\mathrm{d}x}{\sqrt{1-x^4}} = \dfrac{\Gamma^2\left(\frac{1}{4}\right)}{2^{\frac{3}{2}}\pi^{\frac{1}{2}}}$

　　　　　　　$= 2.62205\cdots\cdots$

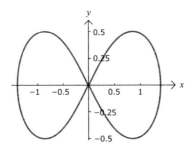

◆ 拉马努金的公式①（圆周率公式）　※再次出场

$$\pi = \cfrac{1}{\cfrac{2\sqrt{2}}{9801} \displaystyle\sum_{n=0}^{\infty} \left(\cfrac{(4n)!}{\{(4n)\times(n!)\}^4} \times \cfrac{26390n+1103}{99^{(4n)}} \right)}$$

接下来登场的是被称为双纽线周率的数。请看第175页的公式。所谓双纽线，是动点距两定点的距离之积满足一定条件时动点的轨迹，用方程 $(x^2+y^2)^2-2a^2(x^2-y^2)=0$ 表示的曲线。双纽线周率是，对应在双纽线上的圆周率。ϖ是π的异体字。

也就是说，圆的周长＝2×半径×圆周率π，而双纽线曲线的周长＝2×半径×双纽线周率。

π以令人惊愕的速度出现了

终于，拉马努金发现了令人惊奇的π的计算公式。也就是本章一开始出现的公式。请大家再回顾一下。

这个公式在圆周率的计算史上也算是十分奇特的存在，即便是哈代也完全无法理解它。尽管它是一个无法证明的公式，只要用它来计算一次，就能够得出3.14159265……这样正确的圆周率。

这个公式最令人吃惊的一点，在于它计算的速度极快。"速度极快"指的是计算结果中导出圆周率的速度。

下图为莱布尼茨的圆周率公式，计算速度是非常慢的。无论怎么计算，都很难导出3.1415……

不过，方才提到的拉马努金公式，居然只要将级数（无穷个项的加法运算）的前两项相加就可以计算出直到3.14159265为止的正确的值。

◆ 速度较慢的圆周率公式

$$\pi = 4\left(1 - \frac{1}{3} + \frac{1}{5} - \frac{1}{7} + \cdots\cdots\right)$$

$$\frac{2\sqrt{2}}{9801} \sum_{n=0}^{\infty} \frac{(4n)!}{(4^n \times (n!))^4} \times \frac{26390n + 1103}{99^{4n}}$$

$$= \frac{2\sqrt{2}}{9801} \left(\frac{(4\times0)!}{(4^0 \times 0!)^4} \times \frac{26390 \times 0 + 1103}{99^{4\times0}} \right.$$

$$\left. + \frac{(4\times1)!}{(4^1 \times 1!)^4} \times \frac{26390 \times 1 + 1103}{99^{4\times1}} \cdots \right)$$

$$= \frac{2\sqrt{2}}{9801} \left(\frac{1}{1\times1} \times \frac{1103}{1} + \frac{4\times3\times2\times1}{4^4} \times \frac{27493}{99^4} \right)$$

$$= \frac{2\sqrt{2}}{9801} \left(1103 + 0.0000 2683197435 \right)$$

$$= \frac{2 \times 1.41421356 \times 1103.000027}{9801}$$

$$= \frac{3119.755189}{9801}$$

$$☺ \quad \frac{9801}{3119.755189} = 3.14159265\cdots$$

　　上图是我实际进行计算之后的结果，确实能够得出圆周率的值。各位读者也请务必利用计算器挑战一下拉马努金公式吧。

　　用电脑来计算的话，每一次计算都可以让圆周率的值更精确一位。

　　其计算速度确实可以用"飞速"来表示。

拉马努金改变了探求圆周率的历史

拉马努金的这个公式，是在拉马努金离世后才开始显示其威力的。

到了1987年，公式才终于为波尔文兄弟所证明。

在题为"Θ函数的'奇迹'"的证明中，他们对拉马努金公式究竟是由何而起做出了说明。

运用这个理论，波尔文兄弟导出了如180页所示的公式。

◆ 波尔文兄弟的证明

$$in[4] := N \left[\cfrac{1}{\cfrac{2\sqrt{2}}{9801} \sum_{n=0}^{1} \left(\cfrac{(4n)!}{((4n)\times(n!))^4} \times \cfrac{26390n+1103}{99^{(4n)}} \right)}, 20 \right]$$

Out[4]: = 3.14159265358979387 80

   3.14159265358979387799892582 6278228`20

$$in[5] := N \left[\cfrac{1}{\cfrac{2\sqrt{2}}{9801} \sum_{n=0}^{2} \left(\cfrac{(4n)!}{((4n)\times(n!))^4} \times \cfrac{26390n+1103}{99^{(4n)}} \right)}, 20 \right]$$

Out[5]: = 3.1415926535897932385

   3.14159265358979323846264906570 2759`20

$$in[6] := N \left[\cfrac{1}{\cfrac{2\sqrt{2}}{9801} \sum_{n=0}^{3} \left(\cfrac{(4n)!}{((4n)\times(n!))^4} \times \cfrac{26390n+1103}{99^{(4n)}} \right)}, 30 \right]$$

Out[6]: = 3.141592653589793238462643 38328

   3.14159265358979323846264338327 9555273150 4927`30

◆ 波尔文兄弟的公式

$$\frac{1}{\pi} = 12\sum_{n=0}^{\infty} \frac{(-1)^{n}(6n)!}{(n!)^{3}\cdot(3n)!} \cdot \frac{An+B}{C^{n+\frac{1}{2}}}$$

A：$13773980892672\sqrt{61}+107578229802750$

B：$212175710912\sqrt{61}+1657145277365$

C：$[5280(236674+30303\sqrt{61})]^{3}$

实际上，在波尔文兄弟完成证明的两年前，也就是1985年，美国数学家、程序员比尔·高斯帕（本名为拉尔夫·威廉·高斯帕，1943—）成功地使用“拉马努金公式”将圆周率精确到了小数点后1752万6200位。但当时还不能确定拉马努金公式是否确实为表达π的公式，因此人们未能判断高斯帕得出的数值是真是伪。

但在公式被证明之后，π的计算便瞬间进入了“亿”的时代。

东京大学的金田康正团队围绕π的计算，与从苏联移民美国的楚德诺夫斯基兄弟之间展开了激烈的竞争。

东京大学使用的是全世界中最先进的超级电脑，而楚德诺夫斯基兄弟则使用自制的电脑，双方展开了前无古人的π计算之争。

1987年，金田团队成为历史上第一个将π精确到小数点后第1亿位以上的团队。1989年6月，楚德诺夫斯基兄弟将π值计算到了第5亿3533万9270位。短短1个月之后金田团队就将这一数字更新到了第5亿3687万零898位。

但在第二年8月，楚德诺夫斯基兄弟成功将π的值精确到了小数点后第10亿位。他们当时在电子计算使用的程序中，运用了刚刚被证明了的拉马努金公式。拉马努金公式在当代终于释放了其强大的威力。

之后，在1994年，楚德诺夫斯基兄弟再次将世界纪录更新至小数点后第40亿4400万位。而这时，兄弟二人自制的电脑所运用的程序中，编入的是下方展示的楚德诺夫斯基算法。

大家一看便知，这是一种在拉马努金公式的基础上进行改造的计算π的快速方法。利用拉马努金公式每进行一次计算可以多精确8位数，而使用楚德诺夫斯基算法则可以多精确14位数。

◆ 楚德诺夫斯基公式

$$\pi = \cfrac{1}{12\displaystyle\sum_{n=0}^{\infty} \cfrac{(-1)^n (6n)!}{(n!)^3 \cdot (3n)!} \cdot \cfrac{545140134n+13591409}{(640320^3)^{n+\frac{1}{2}}}}$$

楚德诺夫斯基算法的强大之处，随着电脑性能的提升而愈加得到证明。

2011年，白领近藤茂利用楚德诺夫斯基算法，将 π 精确到了小数点后第10万亿位，打破了吉尼斯世界纪录。他利用自己家中的电脑夜以继日地进行计算，最终获得了成功。

1920年，年仅32岁的拉马努金去世了，但拉马努金公式却跨越了国与国之间的界限，超越了时空，直到如今依旧焕发着无尽的生命力。

这也许就是波尔文兄弟所说的"奇迹"吧。

拉马努金和他的公式带给我的喜悦

曾经有人问哈代："你为数学做出的最大贡献是什么呢？"哈代毫不犹豫地回答："发现了拉马努金。"

如果有人问我："你人生中最大的喜悦是什么？"

我也一定会毫不犹豫地回答："能够与拉马努金和他的数学研究相遇。"

即便没有爱因斯坦，相对论在那两年应当也会被其他人发现。但拉马努金所发现的公式，如果没有拉马努金——我想百年之后的今天也不会有任何人能够发现。

数学、自然科学领域的发现，都有着理论上的必然性。然而，拉马努金为什么能够想到那些公式呢？没有人能够明白。

拉马努金无法融入英国社会的生活，只有哈代和数学是他的朋友，一直过着研究50个小时之后一口气睡20个小时这种没有规律的生活。

就是在这种情况下，拉马努金也往往能每天都有六七个新发现，之后他会将这些发现寄给哈代。拉马努金曾经被问到究竟是从哪里得出这些新发现的，当时他回答："是女神娜玛吉利写在了我的舌头上。"

拉马努金过分沉迷于数学，导致他长期未能好好进食。

他的健康状况越来越差，最后不得不住院治疗。哈代去探望拉马努金时这样说道："刚才搭出租车过来的，车牌号是1729，这个数可真没意思。"

拉马努金当即开口答道：

"不，哈代先生，这个数可有意思得很！1729是可以用两个立方之和来表达且包含两种表达方式的数之中最小的数。"

事实确实如此，1729有"12^3+1^3"以及"10^3+9^3"两种表达方式。

日后，哈代评价道："拉马努金和每一个数字都是朋友。"

一路徜徉在计算道路上的拉马努金躺在心爱的妻子迦娜奇的怀中，回到了印度。他用尽全身最后的力气，继续着追求无穷的计算之旅。

1920年4月26日。

在妻子怀中，拉马努金32年的人生落下了帷幕，他的计算之旅也随之终结。他所留下的，只有写满3254个公式的笔记，以及散乱一屋的计算稿纸。

公式，是数学家赌上自己的性命去发现的。

拉马努金的人生，和早逝的诗人兰波十分相似。这是英年早逝者所特有的气息吗？还是鬼才身上的迷人气质呢？

拉马努金的算式散发出强烈的气场，源源不断地向20多岁的我汹涌袭来……

后记

意识到的时候，我已经和数学形影不离了。小学时，我对收音机很感兴趣，总是会跑到秋叶原收集电子零件，手握电焊机，沉迷于自己制作收音机。到了后来，甚至还打算自己动手设计电路呢。

但当时的我还不知道该从何着手，于是便在书店把看到的电子工程相关的书都取下来看一看。但那些书中总是会罗列着大量的算式。为什么电子工程中还需要用到算式呢？我为了解决心头的疑问，开始自己钻研。

学着学着，我开始明白，每一个电路都需要有方程为其作支撑。为了能够制作出满意的收音机，我学会了利用各种公式，一边计算一边设计电路。若电容器的电容量为C，线圈的电感为L的话，电路的共振频率f就是由C和L决定的。

我通过算式，搞懂了收音机的构造。我感受到了其中的乐趣，也为算式的魅力所吸引。f、C、L的公式中也包含有圆周率π。

为什么收音机会和圆周率π有关系呢？

我一直希望自己有一天能够明白其中的道理。触手可及的有形的收音机，和无形却发挥着重要作用的算式。两者之间的联系，让我有一种无法言喻的感动。

到了中学的时候，我对收音机的兴趣被宇宙所取代。我知道了有一门叫作物理学的学科是专门研究宇宙的运行原理的。而且，爱因斯坦这位代表20世纪的超级天才，也是使用公式来表达关于宇宙的定理的。

人类所能够想象的最为庞大的存在——宇宙，连宇宙的运行原理都能够使用公式来表达……一种比在收音机上感受到的感动更为强烈的兴奋向我袭来。我开始如饥似渴地阅读爱因斯坦的著作。我深深地为之着迷，原来物理学是如此优美而激动人心的学科啊。

从某一个原理出发，经过反复大量的合理思考，最终得出一个简单公式的故事……我从未在任何书籍中读到过的有趣故事，就这样呈现在了我眼前。

他们将时间和空间科学化。将两者间的关系转化为算式，呈现在眼前。阅读爱因斯坦的著作，观察文中夹杂着的算式，我一边惭愧自己几乎无法理解书中的内容，手上却毫不停止，带着"想要知道更多"的求知欲不断翻动书页。

爱因斯坦以及物理学的知识，的确深深地印刻在了我的脑海里。但爱因斯坦的公式，并没有触及我内心中最深的地方。即便是这样，爱因斯坦的思想、理想、人生苦恼等，还是在14岁的我的心底产生了回响。

如今回想起来，小学、初中时的我所学到的是，将不懂的知识珍藏在心底，让它们在心中生根发芽。电子工程也好，物理学的理论也好，都不是10岁出头的小孩子能够理解的东西。但我还是感到喜悦，那些公式可以说是我的一份憧憬，它们吸引着我、鼓励着我、鼓舞着我。

公式不会说话，却能够在静默中发声。通过等号连接起来的文字、数字、符号，全部都得到了最妥善的表达，它们一定很安心吧，它们一定感到了万分的喜悦！

公式当中蕴含着力量，它绝不会对掌握公式、享受公式恩惠的人进行区别对待。公式有着能够驱动人心的神秘力量。

我与公式之间还有着戏剧性的邂逅。那是函数计算器带给我的奇妙体验。平方根、三角函数、指数函数、对数函数……函数计算器能够进行数值庞大的计算，我当时是把它当作玩具来把玩的。

我在数字身上获得了令人惊奇的新鲜体验。函数计算器能够瞬间算出三角函数sin30°的值是0.5。在键盘上敲出sin31°的话，就能够得出0.515038……

这究竟是怎么算出来的呢？我知道电脑里安装了程序，可以完成各种计算，也知道电脑上的计算是加法运算等基本计算的排列组合。

在这种情况下，三角函数的值究竟是如何被计算出来的呢……我百思不得其解。我深信程序的真面目定然只可能是数学公式。在计算器这种机器里装载着数学公式。我的心情完全就是推理小说中寻找犯人的侦探了。

"事件"在我的眼皮底下发生了。收音机会响，宇宙存在着，计算器算出了答案。我已经掌握了证据，接下来只需要逮捕犯人——公式即可。犯罪方法、犯罪过程，如果我不把事情的经过完全解开，我是不会满意的。可是，我眼前的教科书中并没有犯人的踪影，真想早点亲手抓住他。

我心中满怀着期待，成为一名高中生。能够对数学课程变得越来越难依旧保持期待，也是多亏了小学、中学时期的经历。

就在这时期，我又"目击"了一起"事件"。那就是和考试相关的数字，偏差值。偏差值是基于正态分布计算得出的。

正态分布的表达式，是18世纪法国数学家棣莫弗（1667—1754）发现的。而事件也正是发生于此。

教科书后附有许多附表，其中有一个表格记录了正态分布曲线的面积（也就是概率）。我看着表格想："那这个就是概率密度函数的积分吧"，便马上着手计算其积分的值。没想到，我却完全算不出来。

我以为是我懂得还不够多，于是去找数学老师、朋友、学长学姐们请教。可却没有任何人能够给我答案。我却没有放弃，因为我有书后的表格作证明。我想要知道怎么才能算出这一函数的积分，想要知道书中的表格究竟是怎么制作出来的。

在我意识到的时候，我已经站在了大型图书馆里摆放数学书籍的书架前了。我从书架的一角取下书来，开始阅读。我把提到了正态分布和积分的书籍全都拿来看过一遍，我断定犯人一定就在这些书里……

一本又一本书，一个又一个公式出现在我面前，接受我的审讯。我不得不一个一个地去调查，但在调查的过程中我却逐渐感到了乐趣。因为公式会在沉默之中回答我的问题。

而终于，我抓住了问题的核心。它就写在一本关于微积分的书中，是一个我从未见过的公式。

　　指数函数是整函数被表达为无穷级数时的算式。这是我第一次见到麦克劳林展开。运用这个方法，就算是目标函数的积分都能够很轻松地计算出来。

　　在这本书中也出现了三角函数的麦克劳林展开式。我不禁喊出了声："原来就是它啊！"我多年来一直在寻找的犯人原来同时还是sin31°的解法。

　　计算过后，出现在我眼前的数字，和我当初在函数计算器上看到的值直到小数点后第7位都是相同的。我真真正正地感受到了微积分的力量，包庇着麦克劳林展开这个犯人的微积分拥有着超乎我想象的力量。

　　高中时，还有一个对我而言非常重要的相遇，那就是我遇见了对数的故事。城主纳皮尔因为不忍看到天文学家永远进行天文数字级的计算，于是发明了对数。当时的那份震惊与感动，直到今天仍旧震撼着我的心。

　　纳皮尔并非数学家，却用生命的最后20年来发明对数。究竟是什么驱使纳皮尔做到这个地步？我心中的疑惑越来越深。

　　等我意识到的时候，学习了高中物理的我，已经解开了小学时记下的关于收音机的公式中圆周率 π 的谜题。一个谜题解开了，同时又产生了新的谜题。如今想来，这样的循环在那时就已经开始了。

高中时，我对物理学方面的兴趣已经从爱因斯坦转移到了量子力学上面。如此一来，我心中的问题越来越多。我被量子力学的思想和其中的公式所震撼，同时又为这些公式的简洁夺去了心神。

我是在这个时期了解到玻尔、薛定谔、狄拉克等天才物理学家的。在初中的时候了解了爱因斯坦，感受到了表达宇宙原理的公式有多么伟大，而看到发明了量子力学的天才们的研究成果，我再次认识到了这些公式的力量。

我心中萌发着的物理学的梦想慢慢开始向数学转移。我想要进入大学学习物理学，而在这时，震惊物理学界的大事件——"超弦理论"出现在了我的面前。超弦理论极有可能成为物理学家梦想中的"大统一理论"。

这个理论的有趣之处，可以说是在于物理学和数学之间的关系。两者之间的关系，一直以来都是物理学为主，数学为辅。而超弦理论却成为改变这种状态的契机。人们逐渐发现，大统一理论这一物理学问题的根本是和深奥的数学理论相关的。当时的一流物理学家全都放弃了自己的研究，开始转而学习数学。我听说了之后，也决定要走上数学研究的道路。

回首望去，我从研究收音机开始和各种公式相遇，兴趣逐渐转向了宇宙，最后来到了数学的世界。历经牛顿、纳皮尔等伟人们一代又一代的传承，数学理论已经成为一座摩天高楼。物理学中用于表达物理理论的唯一语言也正是数学。

只要踏入数学殿堂一步，就会为其庄严、深奥、高雅的形式美夺去心神。

这座建筑并不存在于美术馆或是博物馆，而存在于图书馆的数万册藏书中。昏暗的数学图书馆中，那些积满灰尘的书中正静静地掩藏着无数公式。它们自无限的过去开始，等待着你的发现。

看着那些由无数数学家、物理学家发现的公式，我的心总是会浮想联翩。公式一旦被发现，一旦被证明，它的光辉就会永远照耀着世人们，永恒、无穷、神秘。过去的我并不了解这些词汇的真正含义。在学习数学、物理学之后，我才第一次接触到它们的内涵。只要一想到在发现一个公式之前，会有那么多的探寻者不断地接力、传承，我总会涌起无限的感动。

数学究竟起源自何方呢？
回顾历史，就能发现数学的归宿

人类为何要研究数学？

根源在于我们的心

计算是一场旅行

名为"公式"的列车在证等的轨道上奔驰着

旅人心中有梦

追求浪漫、无穷无尽的计算之旅

为了寻找未见的风景，今天也将继续旅程

　　这是我作为科学导航者，于2000年开始制作的节目《数学秀》在片头会显示的一首诗。在我决定开始认真开展这项"科普娱乐"工作之时，我第一个确定的就是要将纳皮尔的人生以一种极具魄力的影音形式拍摄成电视剧。

　　其后，我通过讲述众多数学家的人生经历，打造了一部部介绍数学的乐趣与美妙的作品。本书则是从无数精彩故事中，总结出了一些追寻着公式的天才们的故事。

　　如果各位读者能够在本书中感受到公式带来的乐趣，品味到天才数学家、物理学家们的精彩人生，那就是我最大的荣幸了。

樱井进

参考文献

《ＮＨＫ爱因斯坦浪漫3》，［日］ＮＨＫ爱因斯坦·计划编著，日本广播出版公司出版。

《爱因斯坦：创造者与叛逆者》，［美］班尼许·霍夫曼海伦·杜卡斯著，［日］镇目恭夫林一译，日本河出书房新社出版。

《爱因斯坦的一生》，［美］C.赛利格著，［日］广重彻译，日本东京图书出版。

《爱因斯坦语录》，［美］艾丽斯·卡拉普赖斯编，［日］林一、林大译，日本大月书店出版。

《欧拉，我们所有人的主人》［美］威廉·邓纳姆著，［日］黑川信重、若山正人百、百谷哲也译，日本斯普林格东京出版。

《数学大航海对数的诞生与普及》，［日］志贺浩二著，日本评论社出版。

《心是孤独的数学家》，［日］藤原正彦著，日本新潮社出版。

《数学入门（下）》，[日]远山启著，日本岩波书店出版。

《数学的100个发现》，[日]数学研讨会编辑部编，日本评论社出版。

《图解杂学数论与费马大定理》，[日]久我胜利著，[日]百濑文之关口力编，日本Natsume出版。

《图说世界的数学史》[英]理查德·曼凯维奇著，[日]秋山仁编，植松靖夫译，日本东洋书林出版。

《关孝和：江户的世界级数学家的足迹与伟业》，[日]下平和夫著，日本研成社出版。

《增补版谷山丰全集》，[日]谷山丰著，杉浦光夫、清水达雄、佐武一郎、山崎圭次郎编，日本评论社出版。

《日本原子科学的曙光：仁科芳雄》，[日]玉木英彦、江泽洋编，日本美篱书房出版。

《牛顿传》，[美]詹姆斯·格雷克著，[日]大贯昌子译，日本广播出版公司出版。

《牛顿的一生》，苏汀著，[日]渡边正雄、田村保子译，日本东京图书出版。

《数学研讨会增刊：100位数学家（从古希腊到现代）》，日本评论社出版。

《龙宫城的八天（哆啦A梦第25卷）》，[日]藤子·F.不二雄著，日本小学馆瓢虫漫画出版。

《风花雪月的数学：潜藏于日本的美与灵魂中的正方形和$\sqrt{2}$的秘密》，［日］樱井进著，日本祥传社出版。

《让算数变得有趣的故事》，［日］樱井进著，日本PHP研究所出版。